入試に出る
有機化学の要点
スピード総整理

改訂版

水村弘良 著

旺文社

はじめに

　太陽は水素を燃やして輝きます。車はガソリンを燃やして走ります。みなさんは何を燃やしますか。
　太陽や車と違い，人間は自らの意思でキラキラ輝かせ，パワフルに走ることができます。
　人間は夢を燃やしています。気持ちが大切です。

　整理と演習，これが受験化学のすべてです。本書は教科書の内容の整理に力点をおいています。
　学問である以上，用語の定義は覚えなければ話が通じません。みなさんが言葉を省略しているように，専門用語も言葉の省略をしています。一方で，物質の性質を個々に暗記する必要はありません。化学は性質・反応などが理論的な考えに至ったとき，本当の楽しみが味わえます。（ただし，反応のしくみなどは高校の理論では説明しきれません。）

　「所有」という言葉は2つの意味をもちます。例えば，お肉を買ってきて冷蔵庫に入れた状態と，料理して自分の血肉になっている状態のように，「持っている」ことと「血肉化する」という違いがあります。本書もうまく料理(行間を読んだり，書いたり)して，血肉化できることを願います。
　最後に，自分の研鑽に際し，助言を頂いた先生方，質問をくれた生徒のみなさんには，この場をかりて感謝の意を表したいと思います。

水村 弘良

本書の利用法

本書は本編およびふろくで構成されています。
本書を手にした動機により，利用の流れが2つあります。

①
- 試験前に要点を総点検したい。
- 問題を読むことに壁を感じる。用語がわからない。

　　　本編からはじめるのが適切

本編は次のように構成されています。

暗記POINT：最重要事項を示してあります。赤字の部分を隠して空欄補充の対策ができます。

説明：**暗記POINT** に関する説明。ここの理解に時間をかけると，ほかの **暗記POINT** にも応用が効いたり，忘れにくくなります。

(参考)：本文を深める内容や，関連した読みものです。

②
- 基本はわかっているはずなのに，得点につながらない。
- ポイントが効率よくまとめられない。または，まとめすぎて違いがわからない。

　　　ふろくからはじめるのが適切

ふろく(頻出構造式78，試薬マニュアル，異性体と構造決定問題，経路図)は，いろいろな視点でまとめたものなので，気分にあわせてトレーニングしてください。

有機分野の学習がひと通り終わっている人は，p.151も参照してください。

目　次

はじめに … 2
本書の利用法 … 3

有機化合物

1 有機化合物の特徴と分類，分析
- ① 有機化合物の特徴 … 8
- ② 有機化合物の分類 … 10
- ③ 有機化合物の表現方法と異性体 … 14

2 炭化水素（アルカン，アルケン，アルキン）
- ① アルカン … 20
- ② アルケン … 24
- ③ シクロアルカン … 27
- ④ アルキン … 28

3 アルコールと関連物質
- ① アルコール … 32
- ② エーテル … 38
- ③ アルデヒド … 40
- ④ ケトン … 43
- ⑤ カルボン酸 … 46
- ⑥ エステル … 52
- ⑦ 油脂とセッケン … 55

4 芳香族化合物
- ① ベンゼンと芳香族炭化水素 …………58
- ② フェノール類 …………63
- ③ 芳香族カルボン酸 …………68
- ④ 芳香族アミン …………72
- ⑤ 有機化合物の分離 …………77

高分子化合物

1 糖類・タンパク質
- ① 高分子化合物 …………82
- ② 糖類 …………86
- ③ アミノ酸とタンパク質 …………94

2 有機化合物と人間生活
- ① 栄養素 …………102
- ② 繊維 …………103
- ③ 合成樹脂・ゴム …………112
- ④ 核酸 …………122
- ⑤ 酵素 …………128
- ⑥ 薬品 …………136
- ⑦ 肥料 …………140

ふろく

頻出構造式78と入試問題（有機分野）の特徴 ……… 143
試薬マニュアル …………………………………… 152
異性体と構造決定問題 …………………………… 169

索引 ……………………………………………… 198

折込

脂肪族化合物の経路図
芳香族化合物の経路図

● **著者紹介** ●

水村 弘良（みずむら　ひろよし）

　1979年, しし座のA型, 埼玉県生まれ。東京理科大学理学部卒。芝高等学校, 駿台予備校などの講師を経て, 豊島岡女子学園教諭。「無口な物質たちの気持ちを伝える」「成長する生徒の触媒になる」ことが目標。趣味は落語。「全国大学入試問題正解化学」（旺文社）の解答者の一人で, 他に「化学重要問題集」「チャート式 新化学」（以上数研出版）の編集協力。

有機化合物

1 有機化合物の特徴と分類, 分析

❶ 有機化合物の特徴

暗記POINT

1 有機化合物：炭素Cを含む化合物
　他に水素H，酸素O，窒素N，硫黄S，ハロゲン元素(Cl，Br，I)などで構成される。

2 化合物は共有結合による分子。

	H	C	N	O	Cl, Br
原子価	1	4	3	2	1
	H-	-C-	-N-	-O-	Cl-

　化合物の種類はきわめて多い。

3 沸点・融点が低い。

4 水に溶けにくい。有機溶媒に溶けやすい。

5 可燃性の物質が多い。CはCO_2，HはH_2Oになる。

説明1 有機化合物以外の化合物を無機化合物という。
　CO_2，CS_2，$CaCO_3$，KCNなどは慣例上，無機化合物として扱われる。

説明2 有機化合物は数千万種類，無機化合物は数万種類。

③，④の説明は読み飛ばして，後で戻ってきてもよい。

説明3 原子は共有結合で分子となり，分子間力(ファンデルワールス力，水素結合)が強いと沸点・融点が高くなる。➡常温で固体(分子結晶)になりやすい。

分子間力が強くなるには
- **a** 分子量が大きい（Cの数が多い）
- **b** 分子が整っている（Cの枝分かれが少ない）
- **c** 水素結合する部分がある（-O-Hなど）

▶ **b** 分子が整っている

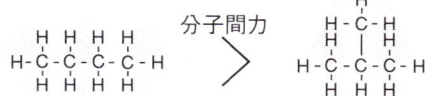

枝分かれが多くなる（右図）　➡　分子が球形になる
　➡　分子間力がはたらく表面積が小さくなる

説明 4　有機化合物の溶けやすさは親水基の有無で考える。

溶媒への溶けやすさ

水（極性分子）	有機溶媒（無極性分子）
親水性の部分（親水基） -O-Hなど	疎水性の部分（疎水基） C-H，C-Cなど

似たものどうしは溶けやすい。

有機化合物はC-CやC-Hの部分を基本に構成されているため、水には溶けにくいものが多い。有機溶媒（エーテルやベンゼンなど）には溶けやすい。

ただし、アルコール、糖類のように、水に溶けやすい部分（-O-Hなど）をもつものもある。

説明 5　**ex.** プロパン C_3H_8 の燃焼

$$C_3H_8 + \square O_2 \longrightarrow \triangle CO_2 + \bigcirc H_2O$$

(1) C_3H_8 　　　　　$3 CO_2$ 　$4 H_2O$

Oについて：$\square \times 2 = 3 \times 2 + 4 \times 1 = 10$
　　　　　よって，$\square = 5$

$$C_3H_8 + \boxed{5} O_2 \longrightarrow 3CO_2 + 4H_2O$$

❷ 有機化合物の分類

1 炭化水素の分類

暗記POINT

炭化水素：炭素と水素からなる有機化合物

① 環式：環構造がある
   鎖式：環構造がない(直鎖：枝分かれもない)

② 芳香族：ベンゼン環がある
   脂肪族：ベンゼン環がない

③ 不飽和：C=C, C≡C(不飽和結合)がある
   飽和：C=C, C≡Cがない

			一般名	例(構造式は下)
鎖式	飽和		アルカン C_nH_{2n+2}	エタン C_2H_6
	不飽和	二重結合	アルケン C_nH_{2n}	エチレン C_2H_4
		三重結合	アルキン C_nH_{2n-2}	アセチレン C_2H_2
環式	脂環式	飽和	シクロアルカン C_nH_{2n}	シクロヘキサン C_6H_{12}
		不飽和	シクロアルケン C_nH_{2n-2}	シクロヘキセン C_6H_{10}
	芳香族		芳香族	ベンゼン C_6H_6

エタン　　　エチレン　　　アセチレン

シクロヘキサン　　シクロヘキセン　　ベンゼン

●有機化合物の実際の形

発展

電子対は互いに反発しあい，最もはなれた配置をとる。

4電子対反発	3電子対反発	2電子対反発
➡ 正四面体	➡ 正三角形	➡ 直線
H:C:H (H上下)	H:C::C:H	H:C⋮⋮C:H
実際	実際	実際
電子対		
回転できる		

C-Cの結合は回転できるが，C=CやC≡Cの結合は回転できない。

2 官能基による分類

暗記POINT

官能基：特有の性質をもつ部分

1 アルキル基：炭化水素から-Hをとった部分

ex. メチル基　　　　エチル基

H-C-H (CH$_3$-)　　H-C-C-H (CH$_3$-CH$_2$- または C$_2$H$_5$-)

簡略的表現

官能基	総称	代表例
ヒドロキシ基 (C)-O-H	アルコール	エタノール CH$_3$-CH$_2$-OH
フェノール性 ヒドロキシ基	フェノール類	フェノール ⌬-OH
エーテル結合 (C)-O-(C)	エーテル	ジエチルエーテル C$_2$H$_5$-O-C$_2$H$_5$
アルデヒド基 -C-H ‖ O	アルデヒド	アセトアルデヒド CH$_3$-CHO
ケトン基 (C)-C-(C) ‖ O	ケトン	アセトン CH$_3$-CO-CH$_3$
カルボキシ基 -C-O-H ‖ O	カルボン酸	酢酸 CH$_3$-COOH
エステル結合 -C-O-(C) ‖ O	エステル	酢酸エチル CH$_3$-COO-C$_2$H$_5$

説明 1 炭化水素の水素原子(-H)を、表中の官能基で置き換えると、様々な性質の有機化合物が得られる。

プロパン C_3H_8 から水素原子をとる場合、2種類考えられる。

```
    H H H
    | | |
H - C-C-C - H
    | | |
    H H H
```

H をとるとプロピル基　　H をとるとイソプロピル基

$(CH_3-CH_2-CH_2-)$　　$\left(\begin{array}{c}CH_3-CH-\\ \ \ \ \ \ \ \ \ \ \ |\\ \ \ \ \ \ \ \ \ \ CH_3\end{array}\right)$

簡略的表現

C_3H_7- と表すと、両者の区別がつかなくなる。

N や S を含む官能基は次のようなものがある。

官能基	総称	代表例
ニトロ基 (C)-NO$_2$	ニトロ化合物	ニトロベンゼン ○-NO$_2$
アミノ基 (C)-N-H 　　　| 　　　H	(第一級)アミン	アニリン ○-NH$_2$
アミド結合 -C-N- 　||　| 　O　H	アミド	アセトアニリド ○-NH-CO-CH$_3$
スルホ基 (C)-SO$_3$H	スルホン酸	ベンゼンスルホン酸 ○-SO$_3$H

❸ 有機化合物の表現方法と異性体

1 有機化合物の表現方法～化学式のいろいろ～

> **暗記POINT**
>
> **1** 構造式：分子中の原子の結合関係を，価標を用いて表した式
> 　　　　　　（共有結合を線で表したもの）
>
> **2** 示性式：官能基がわかるようにして分けて表した式
>
> **3** 分子式：1分子中にある原子の種類と数を表した式
>
> **4** 組成式：有機分野では実験式ともいい，分子式の数字を最も簡単な整数比で表した式

ex. エタノールの表現方法

説明1 構造式　　　　　簡略的表現

$$\begin{array}{c} H\ H \\ H-C-C-O-H \\ H\ H \end{array}$$ 　価標

CH_3-CH_2-OH

CH_3CH_2OH 　など

説明2 示性式　C_2H_5OH

説明3 分子式　C_2H_6O

　　（これでは，エタノール CH_3-CH_2-OH なのかジメチルエーテル CH_3-O-CH_3 なのかわからない。）

説明4 組成式　これ以上簡単にならないので，分子式と同じ C_2H_6O となる。

　　例えば，分子式が $C_4H_8O_2$ なら組成式は C_2H_4O

　　無機分野では，分子をつくらない物質を，原子数の最も簡単な整数比で表した式の意味で使われる。

　以上より，"組成式➡分子式➡示性式➡構造式"で表すにつれて，物質の構造がはっきりする。

2 異性体

暗記POINT

異性体：分子式が同じだが，異なる性質をもつ物質どうし

1 炭素骨格が違う	▶ A 構造異性体
2 官能基が違う	
3 官能基の位置が違う	
4 C=Cが回転できないため生じる …▶ B 幾何異性体(シス-トランス異性体)	立体異性体
5 不斉炭素原子が存在する…▶ C 光学異性体	

▶ A 構造異性体

説明1 **ex.** C_4H_{10}

$CH_3-CH_2-CH_2-CH_3$ と $CH_3-CH-CH_3$ 　　　　　　　　　　　　　　　　　　　|
　　　　　　　　　　　　　　　　　　　CH_3

炭素の骨格はできるだけ横につなげて書く。単結合は回転できるので，下の2つは同じもの。

C-C-C-C 　　C-C-C
　　　　　　　　 |
　　　　　　　　 C

回転させると左と同じ

説明2 **ex.** C_2H_6O

CH_3-CH_2-OH と CH_3-O-CH_3

-OHなどの位置に特に決まりはない。下の3つは同じものを表している。

HO-C-C　　C-C-OH　　C-C
　　　　　　　　　　　　 |
　　　　　　　　　　　　 OH

左右にひっくり返す　　回転させる

説明3 **ex.** C_3H_8Oのアルコール

$CH_3-CH_2-CH_2$ と $CH_3-CH-CH_3$
　　　　　|　　　　　　　　 |
　　　　　OH　　　　　　　　OH

▶ B 幾何異性体(シス-トランス異性体)

暗記POINT

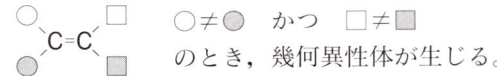

○≠◎ かつ □≠■
のとき，幾何異性体が生じる。

化学的性質，物理的性質に多少の違いがある。

ex. CH₃-CH=CH-CH₃

　　　シス形　　　トランス形

○，◎，□，■は同一平面上で，また，C=Cは回転できない。そのため，シス形とトランス形は重なり合うことができない(つまり，異なる物質)。

○，◎，□，■は原子団としてみる。例えば，CH₃とCOOHなどは，同じCがついているが，区別する。

ex. のように，○と□，および，◎と■が同じものであってもよい。要は，二重結合に対して左をみて異なるもの，かつ，右をみて異なるものであれば幾何異性体となる。

上下でひっくり返せば，同じ ➡ 幾何異性体ではない。

シス(cis)は「こちら側」，トランス(trans)は「横切って」という意味をもつ。

▶ C 光学異性体（鏡像異性体）

暗記POINT

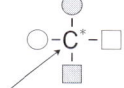
○，◉，□，■がすべて異なるとき，光学異性体が生じる。

不斉炭素原子（C*）：互いに違う原子や原子団が結合している炭素原子

C*を1つもつ化合物には，互いに重なり合わない2種類の物質ができる。この2種類は，化学的性質・物理的性質は同じだが，旋光性が異なる。

ex. 乳酸　$CH_3\text{-}C^*\text{-}COOH$ （H, OH）

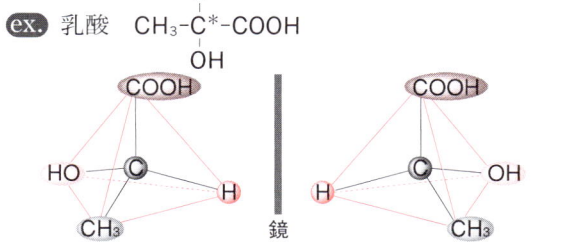

旋光性とは，平面偏光に対する性質。

不斉炭素原子がないものは鏡にうつしても同じものになる。

重なる　➡ 光学異性体ではない

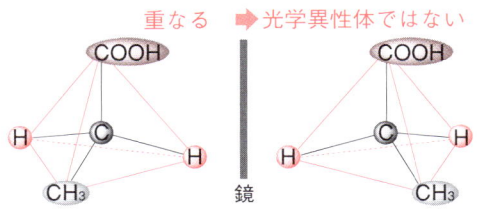

3 元素分析

暗記POINT

$$\boxed{\text{C, H, Oからなる物質}} \xrightarrow{\text{完全燃焼}} \boxed{\text{CO}_2} \quad \boxed{\text{H}_2\text{O}}$$
$$\quad\quad W\text{[mg]} \quad\quad\quad\quad\quad\quad W_1\text{[mg]} \; W_2\text{[mg]}$$

① 炭素の質量 $= W_1 \times \dfrac{\text{C}}{\text{CO}_2} = W_1 \times \dfrac{12}{44} = W_\text{C}$

水素の質量 $= W_2 \times \dfrac{2\text{H}}{\text{H}_2\text{O}} = W_2 \times \dfrac{2.0}{18} = W_\text{H}$

酸素の質量 $= W - (W_\text{C} + W_\text{H}) = W_\text{O}$

② 原子数の比は，

$$\text{C} : \text{H} : \text{O} = \dfrac{W_\text{C}}{12} : \dfrac{W_\text{H}}{1.0} : \dfrac{W_\text{O}}{16} = x : y : z$$

よって，組成式は，$C_x H_y O_z$

③ 分子式は $(C_x H_y O_z)_{\underline{n}}$ となる。

分子量 ＝ (組成式の式量) × $\underline{n}$

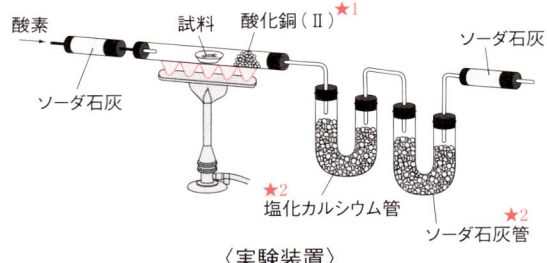

〈実験装置〉

★1 酸化銅(Ⅱ)は，試料を完全燃焼させるため。

★2 W_1，W_2 の値を別々に求めるために，

塩化カルシウム管 ➡ ソーダ石灰管 の順に通す。
（H_2O吸収 $= W_2$）　　（CO_2吸収 $= W_1$）

逆にすると，ソーダ石灰でCO₂(W_1)とH₂O(W_2)の値が合わさってしまう。

1 有機化合物の特徴と分類,分析 ● 19

- 例題 1

　C,H,Oからなる物質13.2mgを完全燃焼させると、二酸化炭素26.4mg,水10.8mgが得られた。また,分子量は88であった。分子式を求めよ。

● 解き方

説明 1 炭素の質量 $= 26.4 \times \dfrac{12}{44} = 7.2$ mg

　　水素の質量 $= \underline{10.8} \times \dfrac{2.0}{18} = 1.2$ mg

　　酸素の質量 $= 13.2 - (7.2 + 1.2) = 4.8$ mg

説明 2 $C : H : O = \dfrac{7.2}{12} : \dfrac{1.2}{1.0} : \dfrac{4.8}{16} = 0.6 : 1.2 : 0.3$

　　　　　　　　$= 2 : 4 : 1$

　よって,組成式(実験式)は $\underline{C_2H_4O}$ となる。

説明 3 分子式は $(C_2H_4O)_n$ と表すことができ,分子量は88なので,

　　　　$44n = \underline{88}$　　よって,$n = 2$

　　したがって,分子式は $\underline{C_4H_8O_2}$ 答

- 例題 2

　炭素60.0%,水素13.3%,酸素26.7%(質量比)の物質の組成式を求めよ。

● 解き方

　求める物質を100g用意したとすると,%をgに変えて計算しても同じ結果になる。

　$C : H : O = \dfrac{60.0}{12} : \dfrac{13.3}{1.0} : \dfrac{\underline{26.7}}{16} = 5 : 13.3 : 1.668$

　　　　　　$= 2.99 : 7.97 : 1 ≒ 3 : 8 : 1$

　よって,組成式は $\underline{C_3H_8O}$ 答

2 炭化水素 (アルカン, アルケン, アルキン)

① アルカン

1 アルカンの一般的性質・反応

> **暗記POINT**
>
> **アルカン**:鎖式飽和炭化水素の総称
>   一般式…C_nH_{2n+2}
>   名称…語尾が「-ane(アン)」

アルカンは環も二重結合もないので,Hの数が最大である。下図のように,n個のCの上下で$2n$個,両末端には連鎖を終えるためのHが2個,合計$2n+2$個のHがある。

Cの数	名 称	英語名	分子式
1	メタン	methane	CH_4
2	エタン	ethane	C_2H_6
3	プロパン	propane	C_3H_8
4	ブタン	butane	C_4H_{10}
5	ペンタン	pentane	C_5H_{12}
6	ヘキサン	hexane	C_6H_{14}
7	ヘプタン	heptane	C_7H_{16}
8	オクタン	octane	C_8H_{18}
9	ノナン	nonane	C_9H_{20}
10	デカン	decane	$C_{10}H_{22}$

炭素数が多くなると沸点・融点が高くなり,C_5H_{12}から常温で液体となる。 参p.9

2 代表的なアルカン（メタンCH_4）

暗記POINT

1 常温で気体。水に溶けにくい。
液化天然ガス（LNG）の主成分で，燃焼する。
正四面体構造。

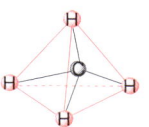

2 置換反応する。
ex. 光をあてながら塩素Cl_2を反応させる。
$$CH_4 \longrightarrow CH_3Cl \longrightarrow CH_2Cl_2 \longrightarrow CHCl_3 \longrightarrow CCl_4$$

3 製法
酢酸ナトリウム（固）＋ 水酸化ナトリウム（固）＋ 加熱

説明2 置換反応：分子中の原子が置き換わる反応

$$CH_4 + Cl_2 \longrightarrow CH_3Cl + HCl$$

この反応は連鎖的に起こり，次のものができる。

CH_3Cl	クロロメタン	常温で気体
CH_2Cl_2	ジクロロメタン	・常温で液体（有機溶媒） ・水に溶けにくく沈む
$CHCl_3$	トリクロロメタン（クロロホルム）	
CCl_4	テトラクロロメタン（四塩化炭素）	

メタンやエタンを置換したCCl_2F_2，$CClF_2$-CCl_2Fなどはフロンとよばれ，オゾン層を破壊する。

説明3 $CH_3COONa + NaOH \longrightarrow CH_4 + Na_2CO_3$

$$CH_3-\underset{\underset{O}{\|}}{C}-O^- \quad \longrightarrow CO_3^{2-}$$

$$H-O^- \quad Na^+ \quad Na^+ \longrightarrow CH_4 + Na^+_2CO_3^{2-}$$

3 アルカンと置換体の命名法

1 アルキル基
　　CH_3-：メチル基　　CH_3CH_2-：エチル基

2 ハロゲンの置換基
　　$F-$：フルオロ　　$Cl-$：クロロ
　　$Br-$：ブロモ　　$I-$：ヨード

3 数詞
　1：mono　モノ　　6：hexa　ヘキサ
　2：di　ジ　　　　7：hepta　ヘプタ
　3：tri　トリ　　　8：octa　オクタ
　4：tetra　テトラ　9：nona　ノナ
　5：penta　ペンタ　10：deca　デカ

説明 1 アルカンの炭素数を増やしながら構造を考える。

$$CH_3-CH_3 \quad CH_3-CH_2-CH_3$$
　　エタン　　　　　プロパン

C_4のブタンから、構造異性体が存在する。

$$CH_3-CH_2-CH_2-CH_3 \quad CH_3-CH-CH_3$$
$$|$$
$$CH_3$$
　ブタン　　　　　　　　2-メチルプロパン
　　　　　　　　　　つくCの位置　一番長い骨格から

ちなみに、炭素3つのアルキル基には次の2つがある。

$$CH_3CH_2CH_2- \quad CH_3-CH-$$
$$|$$
$$CH_3$$
　プロピル基　　　イソプロピル基

アルキル基の名称は、語尾が「～yl」になる。
　methane → methyl

2 炭化水素

説明 2 クロロエタンは1つの物質しかないが、クロロプロパンには2つの物質が考えられる。

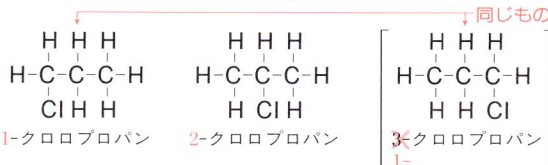

1-クロロプロパン　　2-クロロプロパン　　[3-クロロプロパン → 1-]（同じもの）

置換基の位置番号が若くなるように命名。

説明 3 複数ついているときは、数詞もつかう。

```
   H  H              H  Br
   |  |              |  |
H--C--C--H        H--C--C--H
   |  |              |  |
   Br Br             H  Br
```
1,2-ジブロモエタン　　1,1-ジブロモエタン（2,2-は消す）

（発展 ex.）

```
        CH₃
        |
        CH₂
        |
CH₃--C--CH--CH₂CH₃
     |
     CH₃CH₂CH₂CH₃
```

⬇ 一番長い炭素骨格を基準にする

```
             CH₃
             |
[CH₃ CH₂-C---CHCH₂CH₂CH₃]
         |
         CH₃CH₂CH₃
```

| 1 | 2 | 3 | 4 | 5 | 6 | 7 | 〇 置換基の位置番号の |
| 7 | 6 | 5 | 4 | 3 | 2 | 1 | ✕ つけ方 |

⬇

4-エチル-3,3-ジメチルヘプタン
　　ethyl　　　　　methyl

置換基はアルファベット順に

❷ アルケン

1 アルケンの一般的性質・反応

> 暗記POINT
>
> **アルケン**：二重結合をもつ鎖式炭化水素の総称
>   一般式…C_nH_{2n}
>   名称…語尾が「-ene(エン)」
> **ex.** プロペン(C_3H_6)はプロパン(C_3H_8)の語尾をかえる。
>   propane ➡ propene(プロピレンともいう)
>   ブテン(C_4H_8)はブタン(C_4H_{10})の語尾をかえる。
>   butane ➡ butene

アルカンC_nH_{2n+2}よりHが2つ少ないため、炭素間で二重結合(不飽和結合)ができる。

プロペン(プロピレン)は1つの構造しかないが、ブテンでは、C=Cの位置によって2つの構造異性体が考えられる。

$$C=C-C-C \qquad C-C=C-C$$
$$\underline{1}\text{-ブテン} \qquad \underline{2}\text{-ブテン}$$

また、2-ブテンには幾何異性体が存在する。

$$\begin{array}{cc} H \quad H \\ C=C \\ CH_3 \quad CH_3 \end{array} \qquad \begin{array}{cc} H \quad CH_3 \\ C=C \\ CH_3 \quad H \end{array}$$
シス-2-ブテン   トランス-2-ブテン

> **C=C二重結合**
> ▶ **a** 付加反応 (参p.25)
> ▶ **b** 付加重合 (参p.25)
> ▶ **c** 酸化されやすい (参p.172)

2 代表的なアルケン（エチレン C_2H_4）

暗記POINT

1 常温で気体。水に溶けにくい。
すべての原子が同一平面上。

2 付加反応する。

　❶ エチレンに臭素を反応させる。
　　　　　　　　　➡ 1,2-ジブロモエタン
　　$CH_2=CH_2 + Br_2 \longrightarrow CH_2Br-CH_2Br$
　　臭素溶液の赤褐色が脱色される。

　❷ エチレンに水素を反応させる。➡ エタン
　　$CH_2=CH_2 + H_2 \longrightarrow CH_3-CH_3$

　❸ エチレンに水を反応させる。➡ エタノール
　　$CH_2=CH_2 + H_2O \longrightarrow CH_3-CH_2-OH$

3 付加重合する。
　エチレンを付加重合させる。➡ ポリエチレン
　　$nCH_2=CH_2 \longrightarrow +CH_2-CH_2+_n$

4 製法 （参p.39）
　エタノール ＋ 濃硫酸 ＋ 約160℃

説明 1 C=Cの結合は回転できず、それぞれの炭素からのびる1つ目の原子は、すべて同一平面上である。
　例えば、トランス-2-ブテンについて
「すべての炭素原子は同一平面上」
は正しい。しかし、
「すべての原子（CもHも）は同一平面上」
は誤り。

　　　　　　　　　　　　　　　　は同一平面にある。

説明2 付加反応は,つけるものをまず2つにわけ,二重結合を切った箇所にそれぞれを加える。

$$>C=C< \; + \; \bigcirc - \bullet \longrightarrow -\underset{\bigcirc}{C}-\underset{\bullet}{C}-$$

反応する条件は,
　❶自然に反応
　❷加熱＋NiかPt触媒
　❸濃硫酸触媒
という違いがある。
❶ 「1,1-ジブロモエタン」ではない。
❷ C=C結合は,付加反応で切れる弱い結合1本と,それより強い結合1本からなっている。
　❷で二重結合だからといって,H_2が2回付加反応するわけではない。

$$\underset{H}{\overset{H}{>}}C=C\underset{H}{\overset{H}{<}} \longrightarrow H-\underset{H}{\overset{H}{C}}-\underset{H}{\overset{H}{C}}-H \longrightarrow \cancel{H-\underset{H}{\overset{H}{C}}-H \;\; H-\underset{H}{\overset{H}{C}}-H}$$

❸ つける水をH-OHのように分けて,それぞれをつけるイメージ。

説明3 **重合**:高分子化合物をつくる反応
　付加重合:付加反応を繰り返し,重なり合わせていく
　　…>C=C< ＋ >C=C< ＋ >C=C<…
　　⟶ …-C-C-C-C-C-C-…

説明4 **2**・**3**の逆反応でつくる。**1**の性質より,発生したエチレンは水上置換で捕集する。

❸ シクロアルカン

1 シクロアルカンの一般的性質・反応

> **暗記POINT**
>
> **シクロアルカン**：環状のアルカン
>   一般式…C_nH_{2n}
>   名称…頭に「cyclo-(シクロ)」
>   **ex.** シクロプロパンC_3H_6　　シクロブタンC_4H_8
>   性質はアルカンとほぼ同じ。

シクロ ➡ サイクル ➡ 環をもつ。

アルカンよりHが2つ少ない。両末端のHを2つとってつなげれば，シクロアルカンになる。

```
      H H H H H H
     -C-C-C-C-C-C-
      H H H H H H
```

2 代表的なシクロアルカン（シクロヘキサンC_6H_{12}）

> **暗記POINT**
>
> ① アルケンと構造異性体の関係にある。
> ② 常温で液体。
>   水に溶けにくい。
>   それぞれのCは正四面体
>   構造。

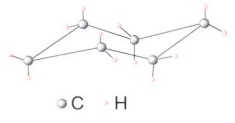
● C　● H

説明 ① ヘキセン $CH_3-CH_2-CH_2-CH_2-CH=CH_2$ などと構造異性体の関係。臭素と反応するかどうかで区別する。

説明 ② ベンゼンと異なり，すべてのCが同一平面上に並ぶことはないので注意。

❹ アルキン

1 アルキンの一般的性質・反応

> **暗記POINT**
>
> **アルキン**：C≡C三重結合をもつ，鎖式炭化水素
>   一般式…C_nH_{2n-2}
>   名称…語尾が「-yne(イン)」
> **ex.1** プロピン(C_3H_4)はプロパン(C_3H_8)の語尾をかえる。
>   propane ➡ propyne
> **ex.2** 覚えておきたいアルキン
>
> | アセチレン(エチン)C_2H_2 | CH≡CH |
> |---|---|
> | プロピンC_3H_4 | CH≡C-CH$_3$ |
> | 1-ブチンC_4H_6 | CH≡C-CH$_2$-CH$_3$ |

アルカンC_nH_{2n+2}よりHが4つ少ないため，C≡Cが1つ形成される。また，構造異性体として，
ⅰ) C=Cが2つの構造(ジエン)
ⅱ) C=Cが1つと環構造1つの構造
ⅲ) 環構造が2つの構造
ができる可能性もある。

> **C≡C三重結合**
>
> C=Cが2つあるようなものと考える。
> ▶ **a** 付加反応×2 (参p.29)
> ▶ **b** 付加反応＋付加重合 (参p.29)

2 代表的なアルキン(アセチレン C_2H_2)

暗記POINT

1 常温で気体。水に溶けにくい。
すすを出して燃焼する。　　　$H-C≡C-H$
すべての原子が同一直線上にある。

2 付加反応を2回行う。

ex. 水素 H_2

$$CH≡CH \longrightarrow CH_2=CH_2 \longrightarrow CH_3-CH_3$$
アセチレン　　　　エチレン　　　　　エタン

(注) H_2O 付加でアセトアルデヒド CH_3CHO になる。

3 付加反応の後、付加重合で高分子化合物へ。

$$CH≡CH \xrightarrow{付加} CH_2=CH \xrightarrow{付加重合} {-[CH_2-CH]-}_n$$

アセチレンへの付加の反応物 (□は上図につく部分)	付加反応 → 付加重合
❶ 水素 H-H	エチレン → ポリエチレン
❷ 塩化水素 H-Cl	塩化ビニル → ポリ塩化ビニル
❸ シアン化水素 H-C≡N	アクリロニトリル → ポリアクリロニトリル
❹ 酢酸 $CH_3-C(=O)-O-H$	酢酸ビニル → ポリ酢酸ビニル
❺ ベンゼン H-⌬	スチレン → ポリスチレン
❻ アセチレン3分子を重合	ベンゼン

4 製法　炭化カルシウムに水を作用させる。

$$CaC_2 + 2H_2O \longrightarrow Ca(OH)_2 + C_2H_2$$

アセチレンは語尾がエンだが、慣用名なので注意。

説明1 Cの含有量が多い有機物(他にベンゼンなど)は、すすが多く出て、明るく燃焼する。

　C≡Cのそれぞれの炭素からのびる1つ目の原子はすべて同一直線上である。

　例えば、プロピンについて、
「すべての炭素原子は同一直線上」
は正しい。しかし、
「すべての原子(CもHも)は同一直線上」
は誤り。

H–C≡C–C–H (H×3)
○は同一直線上

説明2 加熱したNiかPt触媒で水素付加を2回行うほか、臭素とも付加反応する(赤褐色が脱色)。

CH≡CH ⟶ CHBr=CHBr ⟶ CHBr₂-CHBr₂
アセチレン　　1,2-ジブロモエチレン　　1,1,2,2-テトラブロモエタン

アセチレンに水を付加させたときは、(ビニルアルコールは不安定で)アセトアルデヒドが生成する。

CH≡CH ⟶ (CH₂=CH / OH ビニルアルコール) ⟶ CH₃-CH / ∥O アセトアルデヒド　★

★　C=Cに直接-OHがつく構造は不安定　参 p.195

説明3 CH₂=CH-の部分はビニル基という。

　前ページの酢酸ビニルの□の位置は、結合の仕方に注意。

CH₂=CH
O-C-CH₃
∥O

説明4 CaC₂はカーバイドともいう。生石灰CaOができるわけではないので注意(水とさらに反応するから)。

CaO + H₂O ⟶ Ca(OH)₂

発生したアセチレンは水上置換で捕集する。

3 炭素間の結合距離

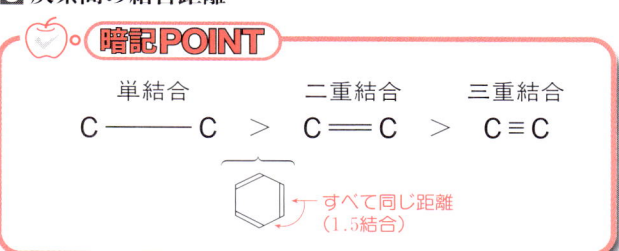

炭素間の結合距離は,「単結合(0.154nm) ＞ 二重結合(0.134nm) ＞ 三重結合(0.120nm)」 となる。

ベンゼン環の炭素間の結合距離は,0.140nmですべて等しい。単結合と二重結合の間の長さという意味では,1.5結合と考えるとよい。

〈炭化水素のまとめ〉

	エタン CH_3-CH_3 （単結合）	エチレン CH_2=CH_2 （二重結合）	アセチレン $CH≡CH$ （三重結合）
Br_2との反応	光により置換反応	付加反応 （赤褐色が脱色）	2段階付加反応 （赤褐色が脱色）
$KMnO_4$との反応	変化しない	酸化されて, 赤紫色が脱色	酸化されて, 赤紫色が脱色
$AgNO_3$のNH_3水との反応	変化しない	変化しない	銀アセチリドの 白色沈殿

- -C≡C-HのH

-C≡C-HのHは,重金属原子に置換されやすい。
▶ **a** 硝酸銀＋アンモニア水
  　　$HC≡CH \longrightarrow AgC≡CAg$　　銀アセチリド(白色)
▶ **b** 塩化銅(Ⅰ)＋アンモニア水
  　　$HC≡CH \longrightarrow CuC≡CCu$　　銅アセチリド(赤褐色)

3 アルコールと関連物質

1 アルコール

1 アルコールの一般的性質・反応

暗記POINT

アルコール：ヒドロキシ基をもつ化合物の総称
一般式…R-OH
名称…語尾が「-ol(オール)」

ex. メタノール(CH_3-OH)はメタン(CH_4)の語尾をかえる。

methane ➡ methanol

エタノール(C_2H_5-OH)はエタン(C_2H_6)の語尾をかえる。

ethane ➡ ethanol

1 価数による分類
└ 1分子内の-OHの数

	1価アルコール	2価アルコール	3価アルコール
例	CH_3OH メタノール	CH_2-CH_2 OH OH エチレングリコール	CH_2-CH-CH_2 OH OH OH グリセリン

2 級数による分類
└ -OHをもつ炭素原子に結合している他の炭素原子の数

	第一級アルコール	第二級アルコール	第三級アルコール
	H (C)-C-H OH	H (C)-C-(C) OH	(C) (C)-C-(C) OH
例	$CH_3CH_2CH_2CH_2$ OH	$CH_3CHCH_2CH_3$ OH	CH_3 CH_3-C-CH_3 OH

説明1 価数は,「○価 ➡ 1あたり○個」のように使われる。
「2価アルコール ➡ 1分子あたり2個の-OH基」
アルコールのほとんどが1価アルコールである。

説明2 同じアルコールでも反応が異なることもあるので,
-OHが骨格のどこにつくかで分類しておくと便利。
定義は言葉で書くと難解だが,

❶ 第一級アルコール ➡「はじっこのC」に-OH
❷ 第二級アルコール ➡「途中のC」に-OH
❸ 第三級アルコール ➡「枝分かれ発生のC」に-OH

という観点で見分けられるとよい。

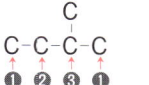 ↑:OHのつく位置

官能基の違いが物質の性質・反応を決める。

OH基
- **A** 親水基
- **B** 沸点・融点が高い
- **C** 金属ナトリウムと反応(H_2発生)
- **D** 脱水反応(分子内脱水と分子間脱水)
- **E** 縮合反応(エステル化)
- **F** 酸化反応

A~Cはエーテルと区別するために重要。

▶ A 親水基

ヒドロキシ基(-OH) ➡ 極性あり
　　　　　　　➡ 水(極性分子)に溶けやすい(➡親水基)
アルキル基(R-)➡水に溶けにくい
　　　　　(➡疎水基または親油基)

OH1つにつき,C_3くらいまで溶ける。

ex. エタノールC_2H_5-OH ……… 水と自由に溶ける。
　　　ヘキサノールC_6H_{13}-OH …水に溶けにくい。

▶ B 沸点・融点が高い

-OHの部分が分子間で水素結合を形成するため。

▶ C (アルコールと)金属ナトリウムと(の)反応

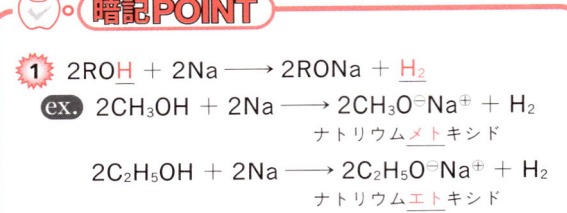

暗記POINT

① $2ROH + 2Na \longrightarrow 2RONa + H_2$

ex. $2CH_3OH + 2Na \longrightarrow 2CH_3O^-Na^+ + H_2$
ナトリウムメトキシド

$2C_2H_5OH + 2Na \longrightarrow 2C_2H_5O^-Na^+ + H_2$
ナトリウムエトキシド

説明① 「(金属)ナトリウム」は、単体の状態。還元力があり、酸素や水と反応してしまうので石油中に保存されている。

ヒドロキシ基の検出として用いられ、水素とナトリウムアルコキシド(強塩基性)が生成する。

(**実験**) ヒドロキシ基の検出

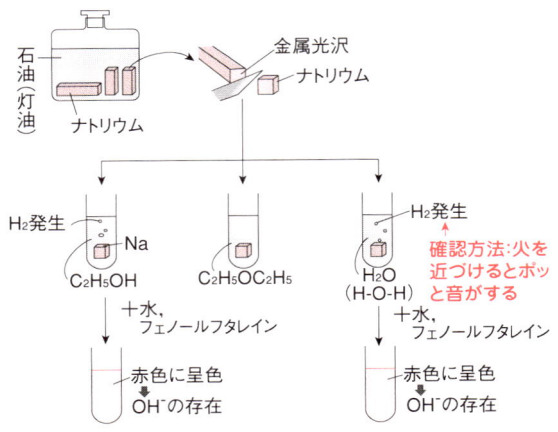

2 アルコールからエーテル, アルケンへ
▶ D (アルコールの)脱水反応

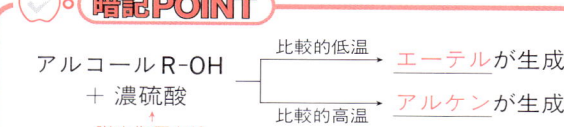

アルコール R-OH ＋ 濃硫酸（脱水作用あり）
- 比較的低温 → エーテルが生成
- 比較的高温 → アルケンが生成

ex. エタノールに濃硫酸を加えて加熱する。

① 130〜140℃でジエチルエーテルが生成 ←分子間脱水

$2CH_3CH_2OH \longrightarrow CH_3CH_2OCH_2CH_3 + H_2O$

② 160〜170℃でエチレンが生成 ←分子内脱水

$CH_3CH_2OH \longrightarrow CH_2=CH_2 + H_2O$

温度の違いによる生成物の違いに注意。

説明 1 エタノール分子どうしで水が脱離。

$CH_3CH_2\text{-}O\text{-}H \quad H\text{-}O\text{-}CH_2CH_3$
$\longrightarrow CH_3CH_2\text{-}O\text{-}CH_2CH_3 + H_2O$

説明 2 エタノール分子内で水が脱離。

$$H-\underset{H}{\overset{H}{C}}-\underset{OH}{\overset{H}{C}}-H \longrightarrow CH_2=CH_2 + H_2O$$

▶ E (アルコールとカルボン酸の)縮合反応 (参p.49)

「カルボン酸＋アルコール＋濃硫酸＋加熱(100℃以下)」で, エステルが生成する。

ex. $CH_3\text{-}CO\text{-}O\text{-}H \quad H\text{-}O\text{-}CH_2CH_3$
$\longrightarrow CH_3\text{-}COO\text{-}CH_2CH_3 + H_2O$

2つの物質が, 水などの簡単な分子を脱離して結合する反応を縮合反応という。上の①と似ている。

3 アルコールからアルデヒド，ケトン，カルボン酸へ

▶ F （アルコールの）酸化反応

(1) アルコールの酸化反応

> **暗記POINT**
>
> アルコールに二クロム酸カリウム（←酸化剤）を作用させる。
>
> **①** 第一級アルコール → アルデヒド → カルボン酸
>
> $$R-\underset{OH}{\overset{H}{C}}-H \xrightarrow[(-2H)]{酸化} R-\underset{O}{C}-H \xrightarrow[(+O)]{酸化} R-\underset{O}{C}-O-H$$
>
> **②** 第二級アルコール → ケトン
>
> $$(C)-\underset{OH}{\overset{H}{C}}-(C) \xrightarrow[(-2H)]{酸化} (C)-\underset{O}{C}-(C)$$
>
> **③** 第三級アルコール → 酸化されにくい
>
> $$(C)-\underset{OH}{\overset{(C)}{C}}-(C)$$

-OHのついているC原子に，何個H原子がついているかがポイント。(**H**で表す。)

説明① 第一級アルコールは **H** が２つなので２回酸化。
説明② 第二級アルコールは **H** が１つなので１回酸化。
説明③ 第三級アルコールは **H** がないので０回酸化。

１回目の酸化はHを失う酸化。
２回目の酸化はOを得る酸化。

$$\left(\begin{array}{l} １回目の酸化も，２回目の酸化と同様にC-Hの\\ 間にOが入る。ひとつのCに２つのOHがつくと\\ 不安定なので脱水する。\\ \underset{O-H}{-C-H} \longrightarrow \underset{O-H}{-C-O-H} \longrightarrow \underset{O}{-C-} \end{array} \right)$$

(2) 代表的なアルコールの酸化反応

暗記POINT

① 2-プロパノール → アセトン

$$CH_3-\underset{OH}{CH}-CH_3 \qquad CH_3-\underset{O}{C}-CH_3$$

② エタノール → アセトアルデヒド → 酢酸

$$CH_3-\underset{OH}{CH_2} \qquad CH_3-\underset{O}{C}-H \qquad CH_3-\underset{O}{C}-OH$$

③ メタノール → ホルムアルデヒド → ギ酸 —···

$$\underset{OH}{CH_3} \qquad H-\underset{O}{C}-H \qquad H-\underset{O}{C}-OH$$

↑還元性あり

···→ ギ酸はさらに酸化されてCO_2になる。

説明① 第二級アルコールが1回酸化される例。
アセトン(=代表的なケトン)を得る反応。

説明② 第一級アルコールが2回酸化される例。
体内ではこの流れでエタノール(お酒)を解毒する。
　アルデヒドの名称は，カルボン酸の名称に由来。
　　アセトアルデヒド　→　酢酸
　　(acet aldehyde)　　(acetic acid)

説明③ メタノールは第一級アルコールに分類される。
　しかし，酸化されやすいHが3つあるので例外的に3回酸化される。
　　ホルムアルデヒド　→　ギ酸
　　(form aldehyde)　　(formic acid)
　この2つはともに有毒なので，メタノールは有毒。

{
「アルデヒドを酸化した」……… →の向きの反応
「アルデヒドは還元性を示す」… →の向きの反応
「アルデヒドを還元した」……… ←の向きの反応

❷エーテル

1 エーテルの一般的性質

暗記POINT

エーテル：R-O-R′で表される化合物の総称
　　　　　　↳Cではさまれている
ex. ジメチルエーテル CH_3-O-CH_3

　　エチル メチルエーテル $C_2H_5-O-CH_3$
　　　　　　　　↳ ethylとmethylのアルファベット順

1. 同じ炭素数の１価アルコールと異性体の関係にある。

説明1 例えば，エチルメチルエーテルの場合，$CH_3-CH_2-CH_2-OH$ のようなアルコールと構造異性体の関係にある。

　　アルコールとエーテルは，ナトリウムとの反応で区別する。

2 代表的なエーテル（ジエチルエーテル $C_2H_5-O-C_2H_5$）

暗記POINT

1. 有機溶媒。水より軽い。
2. 沸点が低く（34℃），揮発性。引火しやすい。
3. 製法　(参p.39)
   　　エタノール ＋ 濃硫酸 ＋ 約130℃

説明1 有機物を溶かすことができ，水に溶けずに浮く。

説明2 常温で液体だが，同じ分子量のアルコールより沸点が低いため，気化しやすい。よって，火に近づけると引火するので危険。

説明3 エタノールの分子間脱水で生成できる　(参p.35)。

（実験）　エチレンの合成

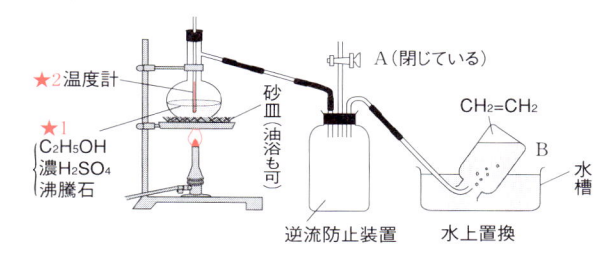

★2 温度計
★1 C_2H_5OH 濃H_2SO_4 沸騰石
A（閉じている）
砂皿（油浴も可）
$CH_2=CH_2$
B
水槽
逆流防止装置　　水上置換

★1　濃硫酸を薄めるのと同様に，エタノールに濃硫酸を少しずつ加えて混合する。

★2　温度計の球部は反応液に入れる（160～170℃で反応させるため）。

★3　火を消すと温度が下がり，
(A)内圧が下がることで水が逆流
　　➡　火を消す前に，Aのコックを開く。
(B)130～140℃でジエチルエーテル発生
　　➡　火を消す前に，Bのビンをはずす。

（実験）　ジエチルエーテルの合成

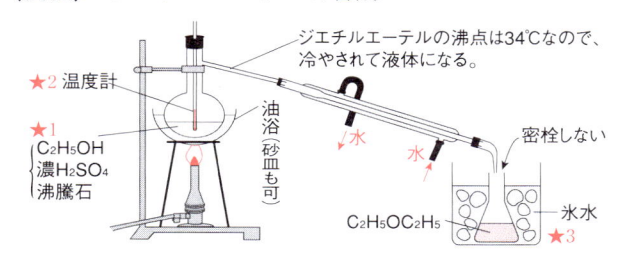

★2 温度計
★1 C_2H_5OH 濃H_2SO_4 沸騰石
油浴（砂皿も可）
ジエチルエーテルの沸点は34℃なので、冷やされて液体になる。
水
密栓しない
$C_2H_5OC_2H_5$　★3
氷水

★1，★2　濃硫酸の加え方，温度計の位置などは上と同じ。ただし，温度は130～140℃にする。

★3　ジエチルエーテルは引火性で揮発性もあるので，火に近づけず，かつ，冷却する。

❸ アルデヒド

1 アルデヒドの一般的性質・反応

> 🍎 **暗記POINT**
>
> **アルデヒド**：アルデヒド基をもつ化合物の総称
>   一般式…R-CHO
>   名称…語尾が「〜アルデヒド」

アルコール(alcohol)を脱(de)水素(hydrogen)したもの、つまり、アルコールを酸化して得るところから由来する。(参 p.36)

ex. ホルムアルデヒド H-C-H
                         ‖
                         O

アセトアルデヒド CH_3-C-H
                   ‖
                   O

プロピオンアルデヒド CH_3-CH_2-C-H
                                 ‖
                                 O

> **CHO基**
> ▶ **A** 親水基(電離せず中性)
> ▶ **B** 還元性を示す(銀鏡反応、フェーリング反応)
> ▶ **C** 還元されて第一級アルコールになる

▶ **A 親水基**

  $>$C=O ➡ 極性をもつ ➡ 親水性

電離して水に溶けやすくなるわけではなく、極性があるから溶けやすくなる。C=O 1つにつき、両隣のC_1くらいまで溶ける。

▶ B 還元性を示す

> **暗記POINT**
>
> **1 銀鏡反応**
> アンモニア性硝酸銀水溶液にアルデヒドを加える
> ➡ 銀 Ag が析出(壁面につき,鏡ができる。)
>
> **2 フェーリング反応**
> フェーリング液にアルデヒドを加える
> ➡ 酸化銅(Ⅰ)Cu_2O の赤色沈殿が生じる

説明 1 アンモニア性硝酸銀水溶液により,硝酸銀中の Ag^+ が錯イオン $[Ag(NH_3)_2]^+$ になっている。アルデヒドの還元性により,Ag は酸化数が $+1 \to 0$ へ変化する。

説明 2 フェーリング液中には青色の Cu^{2+} がある。アルデヒドの還元性により,Cu は酸化数が $+2 \to +1$ へ変化する(ちなみに,酸化銅(Ⅱ)CuO は黒色)。

どちらの反応も,アルデヒド基は酸化されてカルボキシ基になっている。ただし,塩基性溶液なので,カルボキシ基は陰イオン COO^- になっている。

p.36で→へ進むのが酸化反応で,相手を還元させる。ただし,還元性とは,上の2つの反応をするかどうかで決めるので,アルコールは還元性をもつとはいわない。

▶ C 還元されて第一級アルコールになる

C=C が水素付加するのと同様に,(高温・高圧や Ni 触媒の条件で)C=O へも水素が付加する。これはp.36の←へ進む反応なので還元といえる。

2 代表的なアルデヒド
（ホルムアルデヒド HCHO，アセトアルデヒド CH_3CHO）

暗記POINT

	ホルムアルデヒド HCHO	アセトアルデヒド CH_3CHO
状態（常温）	気体	液体★1
におい	刺激臭	刺激臭
水への溶解性	溶けやすい★2	溶けやすい
製法	メタノールを酸化★3	エタノールを酸化
還元性	示す	示す
ヨードホルム反応	示さない	示す

1 アセトアルデヒドの工業的製法
- ❶ アセチレンの水付加
- ❷ エチレンの空気酸化

★1 アセトアルデヒドは沸点が低い（20°C）ので，揮発（蒸発）しやすい。

★2 ホルムアルデヒドの水溶液（ホルマリン）は防腐剤として用いられる。

★3 メタノールを酸化するとき，二クロム酸カリウムではなく，酸化銅（Ⅱ）を使う製法もある。 参p.45

説明1 ❶ 昔は水銀化合物を触媒としてアセチレンに水を付加させて製造していた 参p.30。

$$CH \equiv CH + H_2O \longrightarrow CH_3CHO$$

❷ 現在は他の触媒でエチレンを空気酸化して製造される。

$$CH_2=CH_2 + (O) \longrightarrow CH_3CHO$$

❹ ケトン

■ ケトンの一般的性質

> **暗記POINT**
>
> **ケトン**：ケトン基をもつ化合物の総称
> 一般式…R-CO-R′
> 名称…語尾が「〜ケトン」
> **ex.** アセトン（ジメチルケトン） $CH_3-CO-CH_3$
> 　　　エチルメチルケトン $C_2H_5-CO-CH_3$
> ① 同じ炭素数のアルデヒドと異性体の関係にある。

説明 1 例えば、アセトンの場合、プロピオンアルデヒド CH_3-CH_2-CHO と構造異性体の関係にある。
銀鏡反応・フェーリング反応で区別する。

② 代表的なケトン（アセトン $CH_3-CO-CH_3$）

> **暗記POINT**
>
> ① 常温で液体で、有機溶媒になる。
> ② ヨードホルム反応をする。
> ③ 製法 ❶ 酢酸カルシウムの乾留
> 　　　 ❷ 2-プロパノールの酸化 (参p.37)
> 　　　 ❸ クメン法の副生成物 (参p.66)

説明 1 水にも溶けるので、抽出の実験には用いられない。
説明 2 メチル基をもつケトンに特有の反応。 (参p.44)
説明 3 ❶乾留とは、固体物質を空気を遮断して加熱して分解させる操作。

$$CH_3-CO-O^- \quad CO_3^{2-} \longrightarrow CH_3-CO-CH_3$$
$$CH_3-CO-O^- \quad Ca^{2+} \qquad\qquad Ca^{2+}CO_3^{2-}$$

3 ヨードホルム反応

暗記POINT

水酸化ナトリウム水溶液にヨウ素を加え加熱する。

$$CH_3\text{-}\underset{\underset{O}{\|}}{C}\text{-}R \quad \text{または} \quad CH_3\text{-}\underset{\underset{OH}{|}}{CH}\text{-}R \quad \text{Rはアルキル基かH}$$

の構造があると，ヨードホルム（CHI_3）の黄色沈殿が生じる。

ex. アセトン，2-プロパノール，
アセトアルデヒド，エタノール

：メチルケトン　または　メチル二級アルコール
　↑　　　　　　　　　　　　↑
R=Hのときはアセトアルデヒド　　R=Hのときはエタノール

コツ ヨウ素によって（メチル）二級アルコールが酸化され，（メチル）ケトンになることを押さえれば，暗記量は減る。

Rの部分はCかHが入る。Oがついたもの（酢酸など）はヨードホルム反応しない。

化学反応式は以下のようになり，CHI_3以外にCが1つ少ないカルボン酸（の塩）が生じる。

$CH_3\text{-}CO\text{-}R + 3I_2 + 4NaOH$
$\longrightarrow CHI_3 + RCOONa + 3NaI + 3H_2O$

（参考）　まず置換反応が起こる。

$$R\text{-}\underset{\underset{O}{\|}}{C}\text{-}\underset{\underset{H}{|}}{C}\text{-}H \xrightarrow{\text{I-I, I-I, I-I}} R\text{-}\underset{\underset{O}{\|}}{C}\text{-}\underset{\underset{I}{|}}{C}\text{-}I \quad 3HI$$

次に，脱離反応と中和反応が起こる。

$$R\text{-}\underset{\underset{O}{\|}}{C}|\underset{\underset{I}{|}}{C}\text{-}I \quad 3HI \longrightarrow \quad RCOONa \quad 3NaI$$
$$NaOH \quad 3NaOH \qquad\qquad\qquad CHI_3 \quad 3H_2O$$

（**実験**）　ホルムアルデヒドの合成

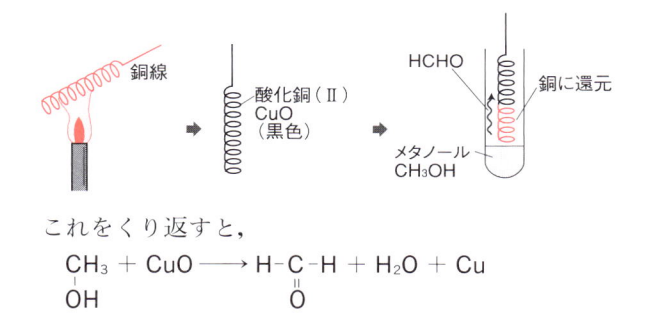

これをくり返すと，

$$\text{CH}_3\text{OH} + \text{CuO} \longrightarrow \text{H-CHO} + \text{H}_2\text{O} + \text{Cu}$$

（**実験**）　アセトアルデヒドの合成

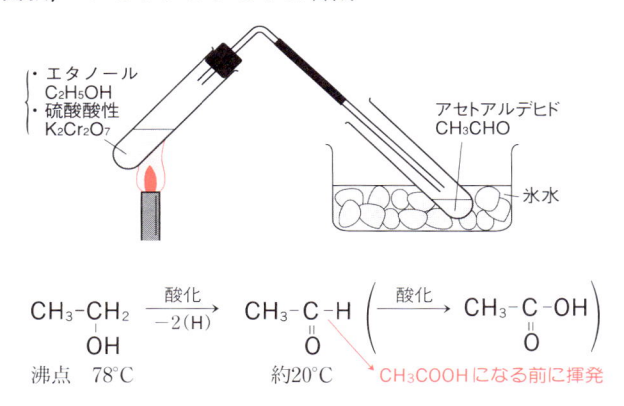

- エタノール C_2H_5OH
- 硫酸酸性 $K_2Cr_2O_7$

$$CH_3\text{-}CH_2\text{-}OH \xrightarrow[-2(H)]{\text{酸化}} CH_3\text{-}CHO \left(\xrightarrow{\text{酸化}} CH_3\text{-}COOH \right)$$

沸点　78℃　　　　　　　　　約20℃　　CH₃COOHになる前に揮発

（**参考**）　アセトンの合成

アセトアルデヒドの合成と同様の実験で合成する。

$$CH_3\text{-}CH(OH)\text{-}CH_3 \xrightarrow[-2(H)]{\text{酸化}} CH_3\text{-}CO\text{-}CH_3$$

アセトン

❺ カルボン酸

１ カルボン酸の一般的性質・反応

> **暗記POINT**
>
> **カルボン酸**：カルボキシ基をもつ化合物の総称
> 一般式…R-COOH
> 名称…「～酸」（ほとんどのもの）
> **①** 鎖式の1価カルボン酸を特に脂肪酸という。

説明 ① Rがすべて単結合なら飽和脂肪酸，
Rに二重結合があるなら不飽和脂肪酸。

> **COOH基**
> ▶ **A** 親水基
> ▶ **B** 沸点・融点が高い
> ▶ **C** 弱酸だが，炭酸よりは強い酸
> ▶ **D** 脱水反応して酸無水物になる
> ▶ **E** 縮合反応してエステルになる

▶ A 親水基

-COOH ➡ 極性をもつ ➡ 親水基
-COOH1つにつき，C_4 くらいまで溶ける。

ex. 酢酸CH_3-COOH…水と自由に溶ける。
ステアリン酸$C_{17}H_{35}$-COOH…水に不溶。
塩であれば電離して水に溶けやすくなる。

ex. $C_{17}H_{35}$-COO$^-$Na$^+$…水に溶ける（セッケン）。

▶ B 沸点・融点が高い

-COOHでより強く水素結合をするので，同分子量の
アルコールよりも沸点・融点が高い。

ex. 沸点：C_2H_5OH（78℃），HCOOH（101℃）

▶ C 弱酸だが,炭酸よりは強い酸

暗記POINT

〈酸の強さ〉

塩酸, 希硫酸 ≫ カルボン酸 > 炭酸
HCl, H₂SO₄   RCOOH   H₂CO₃(H₂O+CO₂)
← H⁺を出したい   H⁺とついていたい →

1 カルボン酸と炭酸水素ナトリウムでCO₂発生。
RCOOH + NaHCO₃ ⟶ RCOONa + H₂O + CO₂

2 カルボン酸の塩と塩酸でカルボン酸にもどる。
HCl + RCOONa ⟶ NaCl + RCOOH

COOH基は塩酸より弱いが,炭酸よりは強い酸。

説明1 酸であるから,NaOH(強塩基)と中和反応する。

RCOOH + Na⁺OH⁻ ⟶ RCOO⁻Na⁺ + H₂O
H⁺いらない　 H⁺ほしい

NaHCO₃は炭酸が一部中和された塩で,水に溶けて弱塩基性を示す。カルボン酸とH⁺の授受(広義の中和)をする。

RCOOH + Na⁺HCO₃⁻
H⁺いらない　 H⁺ほしい

⟶ RCOO⁻Na⁺ + H₂O + CO₂
　　　　　　　　　H₂CO₃

この反応は,次の組合せであれば起こる。

弱酸の塩 + より強い酸 ⟶ 弱酸

説明2 カルボン酸の塩はNaHCO₃ほどではないが,水に溶けて弱塩基性を示す。塩酸とH⁺の授受をする。

HCl + RCOO⁻Na⁺ ⟶ Na⁺Cl⁻ + RCOOH
H⁺いらない　 H⁻ほしい　　　　　　　弱酸が遊離

▶ D 脱水反応して酸無水物になる

> **暗記POINT**
>
> 隣接したCOOH基を加熱(または脱水剤)
> ⟶ 酸無水物 ＋ 水
>
> **ex.**
>
> ```
>   H   COOH            H   CO
>    \ /                 \ / \
>     C                   C   \
>     ‖        ⟶         ‖    O + H₂O
>     C                   C   /
>    / \                 / \ /
>   H   COOH            H   CO
> ```
>
> マレイン酸　　　　　　無水マレイン酸

```
   O                    O
   ‖                    ‖
 -C-O-H   H₂O         -C
                          \
 -C-O-H      ⟶           O + H₂O
   ‖                    /
   O                  -C
                        ‖
                        O
```

 このようにしてできた無水〜酸は，<u>酸無水物</u>と総称される。無水酢酸や無水フタル酸などがある(参p.68)。
 <u>無水酢酸</u>は$(CH_3CO)_2O$と書かれる。構造は，

$$CH_3-\underset{\underset{O}{\|}}{C}\diagdown_{\displaystyle O}$$
$$CH_3-\underset{\underset{O}{\|}}{C}\diagup$$

となる。水の含まれない，純粋な酢酸CH_3COOHという意味ではないので注意すること。純粋な酢酸は冬に凍る(融点16℃)ので，<u>氷酢酸</u>とよばれる。

(参考)

　無機物につく「無水〜」は無水塩をさすことが多い。
　ex. 無水硫酸銅(Ⅱ)　　$CuSO_4$
　　　　硫酸銅(Ⅱ)五水和物　$CuSO_4 \cdot 5H_2O$

2 カルボン酸とアルコールでエステルへ
▶ E 縮合反応してエステルになる

> **暗記POINT**
>
> カルボン酸 ＋ アルコール ＋ 濃硫酸(触媒)
> $\xrightarrow{加熱}$ エステルが生成
>
> 反応名…エステル化，縮合反応
>
> $R\text{-}COOH + R'\text{-}OH \longrightarrow R\text{-}COO\text{-}R' + H_2O$
>
> (注) 反応は完全には進まない(可逆反応)。
>
> **ex.** $CH_3COOH + C_2H_5OH \longrightarrow CH_3COOC_2H_5 + H_2O$
> 　　　酢酸　　　　エタノール　　　　　酢酸エチル
>
> 　　$HCOOH + CH_3OH \longrightarrow HCOOCH_3 + H_2O$
> 　　ギ酸　　　メタノール　　　　ギ酸メチル

　　　　　　　　　　　カルボン酸由来　アルコール由来
R-C-OH ＋ H-O-R' ⟶ R-C-O-R' ＋ H₂O
　∥　　　　　　　　　　　∥
　O　　　　　　　　　　　O
カルボン酸　アルコール　　エステル

　触媒はH⁺を出し，脱水作用がある点で濃硫酸を用いる。ただし，一般的に酸であれば反応は起こる。
　有機分野の反応名は，反応するしくみで命名(付加反応，置換反応など)したり，生成物で命名(ニトロ化，ジアゾ化など)したりと，複数の反応名が存在する。今回の反応は，あえて脱水反応ともいえる。

3 代表的なカルボン酸

暗記POINT

●ギ酸, 酢酸

$$H-\underset{\underset{O}{\|}}{C}-OH \qquad CH_3-\underset{\underset{O}{\|}}{C}-OH$$
　　ギ酸　　　　　　　　酢酸

ともに無色・刺激臭の液体。$NaHCO_3$と反応する。アルコールとエステル化する。

1 ギ酸はカルボン酸だが, 例外的に還元性を示す。

2 ギ酸は有毒, 酢酸は無毒。

●マレイン酸, フマル酸

$$\underset{H}{\overset{HOOC}{\diagdown}}C=C\underset{H}{\overset{COOH}{\diagup}} \qquad \underset{HOOC}{\overset{H}{\diagdown}}C=C\underset{H}{\overset{COOH}{\diagup}}$$
　　マレイン酸　　　　　　　　フマル酸

3 互いに幾何異性体の関係にある。
マレイン酸は加熱により脱水する。

●乳酸

$$CH_3-\underset{\underset{OH}{|}}{\overset{\overset{H}{|}}{C^*}}-\underset{\underset{O}{\|}}{C}-OH$$
　　　　　　　　乳酸

4 乳酸は不斉炭素原子をもち, 光学異性体が存在。

説明 1 ギ酸はアルデヒド基をもつともいえる。

$$H-\boxed{\underset{\underset{O}{\|}}{C}-OH}\ ←アルデヒド基$$

説明 2 メタノール → ホルムアルデヒド → ギ酸
の有毒物質の酸化の流れと,

　エタノール → アセトアルデヒド → 酢酸
の無毒物質の酸化の流れを区別すること。

3 アルコールと関連物質 ● 51

説明 3 分子式 $C_4H_4O_4$ で表される不飽和ジカルボン酸で，常温で固体。ともに COOH を 2 つもつが，シス形かトランス形かで性質が異なる。

	マレイン酸	フマル酸
幾何の形	シス形	トランス形
分子の極性	極性分子	無極性分子
溶解する量	79g/100gの水	0.7g/100gの水
融点	133℃	300℃(封管中)
加熱(160℃)	脱水して，無水マレイン酸になる	反応しない

説明 4 乳酸の光学異性体(L-乳酸とD-乳酸)は，融点，溶解度などは互いに等しいが，旋光性および生体内の反応(味・におい・毒性など)だけ異なる。

乳酸のように，分子中にヒドロキシ基とカルボキシ基をもつ化合物をヒドロキシ酸と総称する。

そのほか，
アジピン酸がナイロンの材料として (参p.106)，
オレイン酸，リノール酸，リノレン酸などが油脂の構成物として (参p.56) 登場する。

(参考) 酢酸はベンゼンにも溶ける。
➡ 分子どうしが水素結合によって二量体を形成するから。

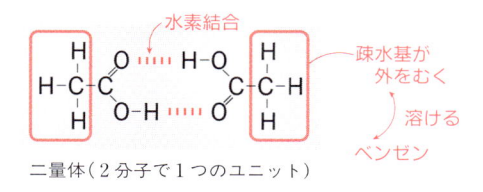

二量体(2分子で1つのユニット)

❻ エステル

1 エステルの一般的性質

> **暗記POINT**
>
> **エステル**：酸とアルコールが縮合した化合物の総称。
> 　　　　ふつうはカルボン酸とのものをさす
> 一般式…R-COO-R′　または　R′-OCO-R
> 名称…原料のカルボン酸とアルコールから命名
>
> **ex.** CH_3-COO-C_2H_5　　H-COO-CH_3
> 　　　　酢酸エチル　　　　　ギ酸メチル

カルボン酸由来のRはHでもよいが、アルコール由来のR′は必ずCがつく。

$$R-\underset{\underset{O}{\|}}{C}-O-R' \xleftrightarrow{\text{左右逆の表記}} R'-O-\underset{\underset{O}{\|}}{C}-R$$

2 代表的なエステル（酢酸エチル CH_3-COO-C_2H_5）

> **暗記POINT**
>
> **①** カルボン酸と異性体の関係にある。
> **②** 常温で液体。芳香をもつ。水に溶けずに浮く。
> **③** 酸(または塩基)とともに加熱すると加水分解し、もとの酢酸とエタノールになる。(参 p.53)
> **④** 製法：酢酸 + エタノール + 濃硫酸 + 加熱
> 　　　　　　　　　　　　　　← 縮合 (参 p.49, 54)

説明① CH_3-CH_2-CH_2-COOHのようなカルボン酸とは、炭酸水素ナトリウムとの反応で区別する。もしくは、加水分解するかどうかで区別する。

説明② 香料や溶媒としての用途がある。

3 エステルの加水分解

> **-COO-(C) 結合**
> ▶ **A** 水に溶けにくい(疎水基)
> ▶ **B** 沸点・融点が低い
> ▶ **C** 加水分解

▶ C (エステルの)加水分解

> **暗記POINT**
>
> **①** 酸を加えて加熱(可逆反応)
>
> R-COO-R′ + H_2O ⇄ R-COOH + R′-OH
> エステル　　水　　　　カルボン酸　アルコール
>
> **ex.** $CH_3COOC_2H_5$ + H_2O ⇄ CH_3COOH + C_2H_5OH
> 酢酸エチル　　　水　　　　酢酸　　　　エタノール
>
> **②** 塩基を加えて加熱(不可逆反応)
> R-COO-R′ + NaOH ⟶ R-COO⁻Na⁺ + R′-OH
> カルボン酸は中和されて塩になっている。

説明① 縮合(エステル化 参p.49)の逆反応を加水分解という。今回はカルボン酸とアルコールがはじめにない状態であるから、この反応が起こる。

説明② ①の反応後、RCOOHはNaOHと中和する。
RCOOH + NaOH ⟶ RCOO⁻Na⁺ + H_2O
この式と①の式を組み合わせると②の式になる。
中和反応は逆反応が起こらないので、この場合の加水分解は逆反応が起こらない。
　カルボン酸の塩はセッケンになるので、この加水分解をとくにけん化という。

(実験) 酢酸エチルの合成

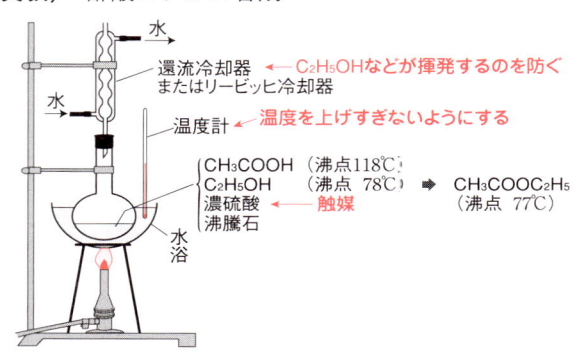

水 → 還流冷却器 ← C_2H_5OH などが揮発するのを防ぐ
またはリービッヒ冷却器

水 → 温度計 ← 温度を上げすぎないようにする

CH_3COOH (沸点 118℃)
C_2H_5OH (沸点 78℃)   ➡ $CH_3COOC_2H_5$
濃硫酸 ← 触媒   (沸点 77℃)
沸騰石
水浴

この反応は可逆反応で、反応物も残っている。

$$CH_3COOH + C_2H_5OH \underset{濃硫酸}{\rightleftharpoons} CH_3COOC_2H_5 + H_2O$$

(実験) 酢酸エチルの精製
① 上の溶液を<u>蒸留</u>する。← 濃硫酸を完全に除去

35℃付近で副生成物のジエチルエーテルが出ることもある。

② 77℃付近の留出液を<u>分液ろうと</u>に移し、<u>炭酸水素ナトリウム</u>水溶液を加える。次に、<u>塩化カルシウム</u>飽和水溶液を加える。
　　← CH_3COOH を除く　　← C_2H_5OH を除く

CH_3COOH 除去
(CO_2 発生)
$NaHCO_3$ aq

下層を捨てる

C_2H_5OH 除去
$CaCl_2$ aq

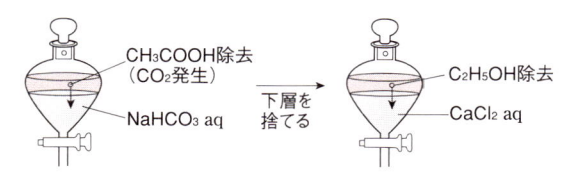

③ 下層を捨て、<u>無水硫酸ナトリウム</u>（または無水塩化カルシウム）を加え、水分を除去する。

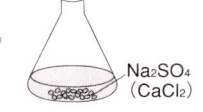

Na_2SO_4
($CaCl_2$)

④ 蒸留して、酢酸エチルを得る。

❼ 油脂とセッケン

1 油脂

> **暗記POINT**
>
> 動植物の体内に存在するあぶら。「油」と「脂」。
>
> **1** 高級脂肪酸とグリセリンのエステルである。
>
> **2** 構成する脂肪酸によって融点が異なる。
> - 飽和脂肪酸が多い……融点が高く，常温で固体
> - 不飽和脂肪酸が多い…融点が低く，常温で液体
>
> **3** 塩基とともに加熱するとセッケンが得られる。
>
> $$\begin{array}{l} \text{R-COO-CH}_2 \\ \text{R-COO-CH} \\ \text{R-COO-CH}_2 \end{array} + 3\text{NaOH} \longrightarrow \begin{array}{l} \text{R-COO}^-\text{Na}^+ \\ \text{R-COO}^-\text{Na}^+ \\ \text{R-COO}^-\text{Na}^+ \end{array} + \begin{array}{l} \text{CH}_2\text{OH} \\ \text{CHOH} \\ \text{CH}_2\text{OH} \end{array}$$
>
> 　　油脂　　　　　　　　　　高級脂肪酸の塩　　グリセリン
> 　　　　　　　　　　　　　　└セッケン

説明 1 油脂の構造は，
『グリセリンに，高級脂肪酸が縮合したエステル』
　　　└3価アルコール　└Cの数が多い1価カルボン酸

説明 2 ❶飽和脂肪酸(ステアリン酸など)からなる油脂
- ➡ 油脂が整っている (参p.56) ➡ 分子間力が強い
- ➡ 融点が高い ➡ 常温で固体(脂，動物性油脂)

❷不飽和脂肪酸(オレイン酸など)からなる油脂
- ➡ 油脂が整っていない ➡ 分子間力が弱い
- ➡ 融点が低い ➡ 常温で液体(油，植物性油脂)

　Ni触媒で❷の油脂を水素付加すると，硬化する。これを硬化油といい，マーガリンなどの原料になる。

説明 3 塩基による加水分解(けん化) (参p.53)

●飽和脂肪酸と不飽和脂肪酸

ステアリン酸 $C_{17}H_{35}COOH$

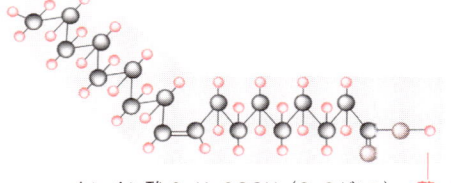

整っている

オレイン酸 $C_{17}H_{33}COOH$ (C=Cが1つ)
他に、リノール酸 $C_{17}H_{31}COOH$ (C=Cが2つ)
リノレン酸 $C_{17}H_{29}COOH$ (C=Cが3つ)

整っていない

●油脂

ステアリン酸からなるもの

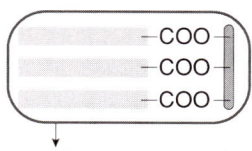

−COO
−COO
−COO

分子間力のはたらく表面積大
➡ 分子間力強い
➡ 固体

オレイン酸からなるもの

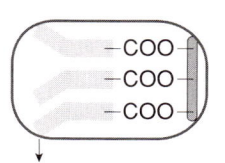

−COO
−COO
−COO

分子間力のはたらく表面積小
➡ 分子間力弱い
➡ 液体

2 セッケンと合成洗剤

暗記POINT

1. 界面活性剤の例：セッケンや合成洗剤
2. 水中で多数集合してミセルを形成する。
   水と油を一様な乳濁液にする乳化作用がある。
3. セッケンと合成洗剤の相違点

	セッケン	合成洗剤
構造	高級脂肪酸の塩	スルホン酸の塩など★
親水性部分の構造	-COO⁻Na⁺	-SO₃⁻Na⁺
水溶液中での液性	弱塩基性	中性
硬水中での利用	泡立ちが悪い	特に問題なし

★ アルキルベンゼンスルホン酸ナトリウムなど

説明1 適度なバランスで親水基と疎水基をもち，水の表面張力を下げることができる。これにより繊維などのすきまにしみこみやすくなる。

説明2 界面および水中の状態は下図のとおり。

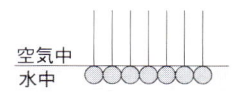

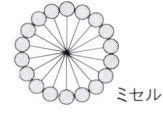

空気中 / 水中
界面の状態

ミセル
水中の状態

○ が親水基
— が疎水基

説明3 セッケンはカルボン酸（弱酸）の塩だから弱塩基性，一方，合成洗剤はスルホン酸（強酸）の塩で中性。
　硬水（Mg^{2+}, Ca^{2+} を多く含む水）や海水中では，セッケンは不溶性の塩（沈殿）ができ，使用できない。

4 芳香族化合物

① ベンゼンと芳香族炭化水素

1 ベンゼン C_6H_6 の一般的性質・反応

暗記POINT

1 常温で液体。水に溶けにくい。
すすを出して燃焼。
　炭素間の距離はすべて等しく，平面構造である。

2 置換反応
① ベンゼン ＋ 塩素Cl_2 ＋ 鉄(触媒)
　⟶ クロロベンゼン(＋HCl) ←ハロゲン化
② ベンゼン ＋ 濃硝酸HNO_3 ＋ 濃硫酸(触媒)
　⟶ ニトロベンゼン(＋H_2O) ←ニトロ化
③ ベンゼン ＋ 濃硫酸H_2SO_4
　⟶ ベンゼンスルホン酸(＋H_2O) ←スルホン化

3 付加反応
① ベンゼン ＋ 水素H_2 ＋ 白金(触媒)
　⟶ シクロヘキサン
② ベンゼン ＋ 塩素Cl_2 ＋ 光
　⟶ ヘキサクロロシクロヘキサン

説明 1 他の炭化水素同様，水に溶けにくく，水に浮く。
　炭素間の距離はC-Cより短く，C=Cより長い。
　ベンゼンの構造を発見した人はケクレ(独)である。
　表記法はいろいろ存在し，六角形(平面)の各頂点にCがあり，H(同一平面上)は省略される。

便宜上，二重結合のような書き方をしているが右の2つは同じものとみなす。

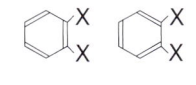

C=Cの性質と異なり，臭素溶液を脱色 しない し，過マンガン酸カリウム水溶液にも酸化 されない。

説明2 付加反応よりも 置換 反応の方が起きやすい。もともとあった水素がとれ，そこに次の□の部分が置換する。

❶ Cl-|Cl| ❷ HO-|NO₂| ❸ HO-|SO₃H|

置換反応は他の生成物もできる。例えば，❶の置換反応の後，濃アンモニア水を加えると白煙が生じるので， HCl が生成することが確認できる。

HCl + NH₃ ⟶ NH₄Cl(白煙)

⌬ + Cl₂ →(置換反応) ⌬-Cl + HCl

説明3 ❷ベンゼンは**2**❶と同じ塩素との反応でも，光（紫外線）をあてながら反応させると付加反応する。

⌬ + 3Cl₂ →(付加反応) (C₆H₆Cl₆の構造式)

生成物の別名はベンゼンヘキサクロリド(BHC)といい，かつては殺虫剤として使われていた。

ベンゼン環

▶ **a** 疎水基
▶ **b** 置換反応
▶ **c** 条件によっては付加反応

2 芳香族炭化水素

> (C)ベンゼン環の側鎖
> ▶ **A** 酸化されて -COOH になる
> ▶ **B** 置換反応(ニトロ化)×3

▶ A （ベンゼン環の側鎖が）酸化されて -COOH になる

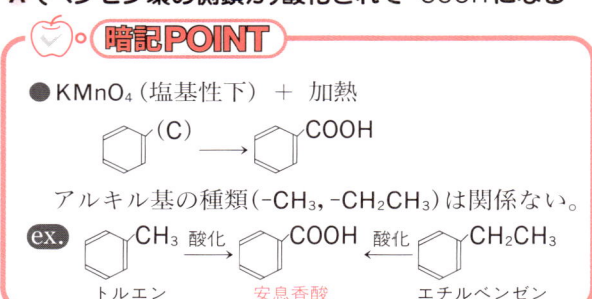

暗記POINT

● $KMnO_4$（塩基性下）＋ 加熱

ベンゼン環-(C) ⟶ ベンゼン環-COOH

アルキル基の種類（$-CH_3$, $-CH_2CH_3$）は関係ない。

ex. トルエン（$-CH_3$）—酸化→ 安息香酸（$-COOH$）←酸化— エチルベンゼン（$-CH_2CH_3$）

酸性条件では爆発の危険があるので、塩基性下で行う。このため、生成するカルボン酸は塩として生成する。

エチルベンゼンの残りのCは CO_2 として放出される。

MnO_2 を酸化剤に用いると、おだやかに酸化でき、ベンズアルデヒド（$-CHO$）の段階で止まる。

▶ B 置換反応(ニトロ化)×3

ベンゼンがメチル基で置換されると、ベンゼン環での置換反応が起こりやすくなる。これによって、ニトロ化が3回連続で起こる。

トルエン（$-CH_3$） ＋ $3HNO_3$ （触媒H_2SO_4） →→→ 2,4,6-トリニトロトルエン（TNT） ＋ $3H_2O$

3 代表的な芳香族炭化水素

暗記POINT

1 トルエンは常温で<u>液</u>体。水に溶けず浮く。

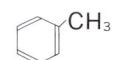

2 トルエンは酸化されて<u>安息香酸</u>になる。また，ニトロ化されて<u>2,4,6-トリニトロトルエン(TNT)</u>になる。

3 次の3つは互いに構造異性体。酸化生成物で区別する。

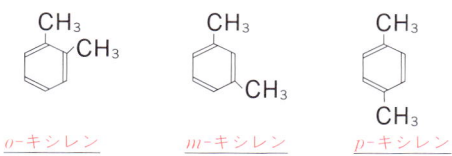

<u>o-キシレン</u>　　<u>m-キシレン</u>　　<u>p-キシレン</u>

❶ 生成物を加熱すると脱水する…<u>o-キシレン</u>

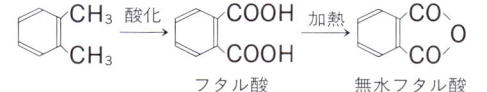

フタル酸 → 無水フタル酸

❷ 生成物は高分子化合物の原料…<u>p-キシレン</u>

テレフタル酸

4 スチレンは高分子化合物の原料 ➡ <u>ポリスチレン</u>

5 クメンは<u>フェノール</u>の合成で登場する。 参p.66

6 ナフタレンは常温で<u>固</u>体。<u>昇華</u>性がある。

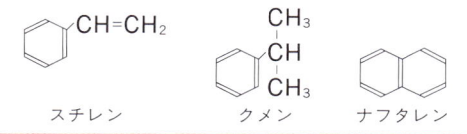

スチレン　　クメン　　ナフタレン

説明1 有毒で発がん性のベンゼンに比べ、やや毒性が低いので、有機溶媒のシンナーの主成分になっている。

説明2 トリニトロトルエン(TNT)は黄色の結晶で、爆薬に用いられる。(参 p.60)

説明3 分子式 C_8H_{10} で芳香族の異性体は、一置換体(ベンゼン環の一ヶ所が置換されている)のエチルベンゼンのほか、二置換体のキシレンの合計4種類。

二置換体は置換基の位置により、オルト(o-)、メタ(m-)、パラ(p-)と命名する。

キシレンの3種それぞれを $KMnO_4$ で酸化すると、

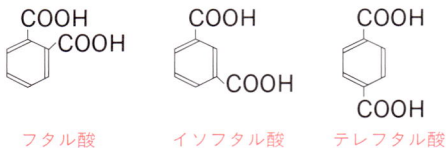

フタル酸　　イソフタル酸　　テレフタル酸

❶ フタル酸はCOOHが隣接しているので、加熱により容易に脱水して<u>無水フタル酸</u>になる。

❷ テレフタル酸は、エチレングリコールと縮合重合すると、ポリエチレンテレフタラート(PET)という高分子化合物になる。(参 p.106)

説明4 スチレンは付加重合してポリスチレンという高分子化合物になる。

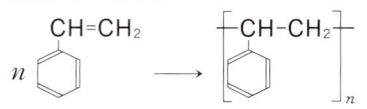

説明6 分子結晶の多くは昇華性をもつ。この点ではドライアイス(CO_2)、<u>ヨウ素(I_2)</u>、ナフタレン、p-ジクロロベンゼン Cl-◯-Cl が有名である。

❷ フェノール類

1 フェノール類の一般的性質・反応

暗記POINT

フェノール類：ベンゼン環に直接ヒドロキシ基がついた化合物の総称

フェノール　　o-クレゾール　　m-クレゾール　　p-クレゾール

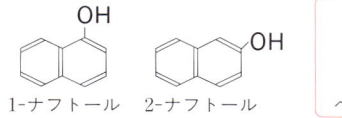

1-ナフトール　　2-ナフトール　　ベンジルアルコール

直接OH基がついていないので，アルコールとみなす。

フェノール性OH基

- **a** 非常に弱い酸で，水酸化ナトリウムと中和反応する
- **b** 置換反応（ニトロ化，ハロゲン化）×3
- **c** 塩化鉄(Ⅲ)水溶液で紫色に呈色する

  次の d～g は，アルコールと共通

- **d** 親水基をもつ。しかし，ベンゼン環の疎水性の影響で，OH基1つだけでは水に溶けにくい
- **e** 沸点・融点は同分子量の炭化水素より高い
- **f** 金属ナトリウムと反応（H_2 発生）
- **g** 縮合反応（エステル化）をする。しかし，ふつうのカルボン酸では起こりにくく，無水酢酸を用いる 参 p.70

▶ a 非常に弱い酸で，水酸化ナトリウムと中和反応する

〈酸の強さ〉

塩酸 ≫ カルボン酸 > 炭酸 > フェノール

←── H^+を出したい　　　　　　H^+とついていたい ──→

リトマス紙を変える性質もないほど弱い酸だが，水酸化ナトリウム(強塩基)と中和反応する。しかし，炭酸水素ナトリウム(弱塩基)とは反応しない。

$$\text{C}_6\text{H}_5\text{-OH} + \text{Na}^+\text{OH}^- \longrightarrow \text{C}_6\text{H}_5\text{-O}^-\text{Na}^+ + \text{H}_2\text{O}$$

ナトリウムフェノキシド

ナトリウムフェノキシドは塩基性である。これはHCl(強酸)により，再びフェノールになる。また，炭酸H_2CO_3(フェノールより強い酸)とも反応する。

$$\text{C}_6\text{H}_5\text{-O}^-\text{Na}^+ + \text{HCl} \longrightarrow \text{C}_6\text{H}_5\text{-OH} + \text{Na}^+\text{Cl}^-$$

$$\text{C}_6\text{H}_5\text{-O}^-\text{Na}^+ + \text{H}_2\text{O} + \text{CO}_2 \longrightarrow \text{C}_6\text{H}_5\text{-OH} + \text{NaHCO}_3$$

H^+ほしい　　　H^+いらない　　　弱酸が遊離

▶ b 置換反応(ニトロ化，ハロゲン化)×3

ベンゼン環での置換反応が起こりやすくなる。

$$\text{C}_6\text{H}_5\text{OH} + 3\text{HNO}_3 \xrightarrow{\text{(触媒H}_2\text{SO}_4\text{)}} \text{C}_6\text{H}_2(\text{NO}_2)_3\text{OH} + 3\text{H}_2\text{O}$$

2,4,6-トリニトロフェノール(ピクリン酸)

ピクリン酸は黄色結晶で爆発性があり，強酸である。

$$\text{C}_6\text{H}_5\text{OH} + 3\text{Br}_2 \longrightarrow \text{C}_6\text{H}_2\text{Br}_3\text{OH} + 3\text{HBr}$$

2,4,6-トリブロモフェノール・白色沈殿

2 代表的なフェノール類(フェノール)

暗記POINT

1. 常温で固体。水に溶けにくい。
2. ・水酸化ナトリウム(強塩基)と中和反応する。
   ・炭酸水素ナトリウム(弱塩基)とは中和反応しない。

   水酸化ナトリウムとの中和反応で生じた塩(ナトリウムフェノキシド)は水に溶ける。これはHCl(強酸)により，再びフェノールになる。

3. **置換反応**
   1. ニトロ化
      フェノール ＋ 硝酸 ＋ 硫酸
      ⟶ 2,4,6-トリニトロフェノール（ピクリン酸）
   2. ハロゲン化
      フェノール ＋ 臭素
      ⟶ 2,4,6-トリブロモフェノール

4. 塩化鉄(Ⅲ)水溶液で紫色に呈色する。

説明 2 3 (参 p.64)
説明 4 塩化鉄(Ⅲ)水溶液は，フェノール性ヒドロキシ基と反応(錯イオンをつくる)して，紫色に呈色する。アルコールやカルボン酸とは反応しない。

(参考) ベンゼン環の炭素原子につける数字

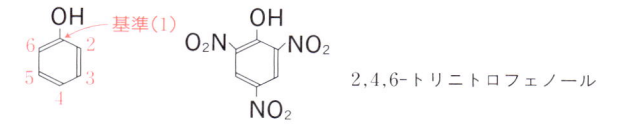

2,4,6-トリニトロフェノール

3 フェノールの合成法(その1)

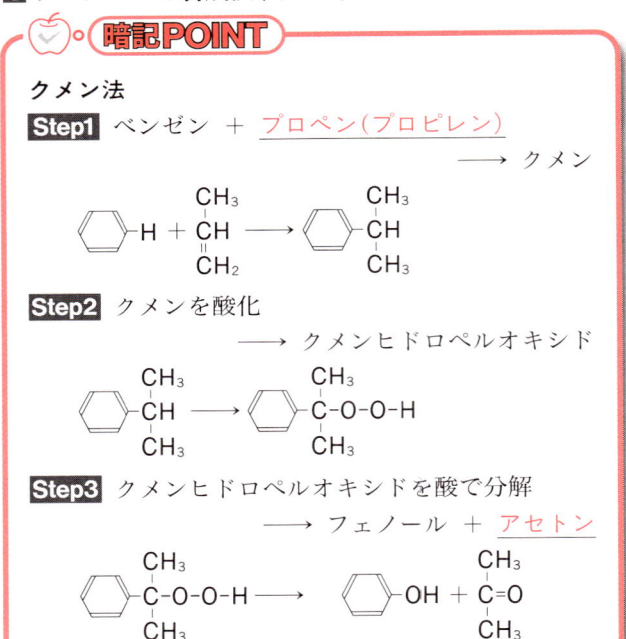

暗記POINT

クメン法

Step1 ベンゼン + プロペン(プロピレン)
　　　　　　　　　　　　　⟶ クメン

$$C_6H_5\text{-H} + \underset{\underset{CH_2}{\|}}{\underset{CH}{|}}CH_3 \longrightarrow C_6H_5\text{-}\underset{CH_3}{\underset{|}{CH}}\text{-}CH_3$$

Step2 クメンを酸化
　　　　　　　　　　　⟶ クメンヒドロペルオキシド

$$C_6H_5\text{-}\underset{CH_3}{\underset{|}{CH}}\text{-}CH_3 \longrightarrow C_6H_5\text{-}\underset{CH_3}{\underset{|}{\overset{CH_3}{\overset{|}{C}}}}\text{-O-O-H}$$

Step3 クメンヒドロペルオキシドを酸で分解
　　　　　　　　　　⟶ フェノール + アセトン

$$C_6H_5\text{-}\underset{CH_3}{\underset{|}{\overset{CH_3}{\overset{|}{C}}}}\text{-O-O-H} \longrightarrow C_6H_5\text{-OH} + \underset{CH_3}{\underset{|}{\overset{CH_3}{\overset{|}{C}}}}=O$$

日本では，フェノールはこの方法で製造される。

Step1 プロペンの二重結合にベンゼン(C_6H_5-H)が付加する。

Step2 ペルオキシドとは，過酸化物の意味。過酸化水素 H-O-O-H と似た構造をもち，分解しやすい。

Step3 正しい反応機構ではないが，次のようにイメージしよう。

　　　　　[CH_3, C-O-O-H, CH_3] → アセトンに

4 フェノールの合成法(その2)

暗記POINT

1 アルカリ融解

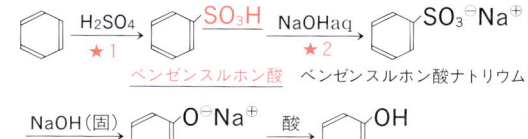

$$\text{C}_6\text{H}_6 \xrightarrow[\star 1]{H_2SO_4} \text{C}_6\text{H}_5\text{–}\underline{SO_3H} \xrightarrow[\star 2]{NaOHaq} \text{C}_6\text{H}_5\text{–}SO_3^-Na^+$$

<u>ベンゼンスルホン酸</u>　ベンゼンスルホン酸ナトリウム

$$\xrightarrow[\star 3]{NaOH(固)} \text{C}_6\text{H}_5\text{–}O^-Na^+ \xrightarrow[\star 4]{酸} \text{C}_6\text{H}_5\text{–}OH$$

<u>ナトリウムフェノキシド</u>

2 クロロベンゼンの加水分解

$$\text{C}_6\text{H}_6 \xrightarrow[\star 1]{Cl_2(鉄粉)} \text{C}_6\text{H}_5\text{–}Cl$$

クロロベンゼン

$$\xrightarrow[\star 2]{NaOHaq(高温・高圧)} \text{C}_6\text{H}_5\text{–}O^-Na^+ \xrightarrow{酸} \text{C}_6\text{H}_5\text{–}OH$$

3 <u>塩化ベンゼンジアゾニウム</u>を加熱して生成する。

(参 p.74)

説明 1 ★1 ベンゼンに濃硫酸を加えスルホン化する。
　　★2 ベンゼンスルホン酸を中和して塩(ベンゼンスルホン酸ナトリウム)にする。
　　★3 ベンゼンスルホン酸ナトリウムと<u>水酸化ナトリウム</u>を<u>融解</u>(アルカリ融解)する。
　　★4 フェノールより強い酸(HCl,炭酸)を用いる。

$$\text{C}_6\text{H}_5\text{–}O^-Na^+ + HCl \longrightarrow \text{C}_6\text{H}_5\text{–}OH + Na^+Cl^-$$

説明 2 ★1 ベンゼンに塩素を加えハロゲン化する。
　　★2 クロロベンゼンを高温・高圧で水酸化ナトリウム水溶液と反応させる。

❸ 芳香族カルボン酸

1 芳香族カルボン酸の一般的性質・反応

暗記POINT

芳香族カルボン酸：ベンゼン環に直接カルボキシ基がついた化合物の総称

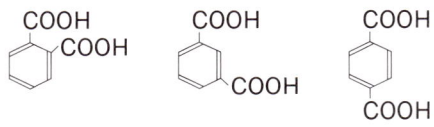

安息香酸　サリチル酸

フタル酸　イソフタル酸　テレフタル酸

1 脂肪族カルボン酸と基本的に同じ性質をもつ。
しかし、親水基をもつが、ベンゼン環の疎水性の影響で水に溶け<u>にくい</u>という性質が異なる。
 ❶ 弱酸だが、炭酸より強い酸である。
 ❷ 脱水反応して酸無水物を生じる。
 ❸ 縮合反応してエステルを生じる。

2 製法
　トルエンやキシレンなどを $KMnO_4$ で酸化する。

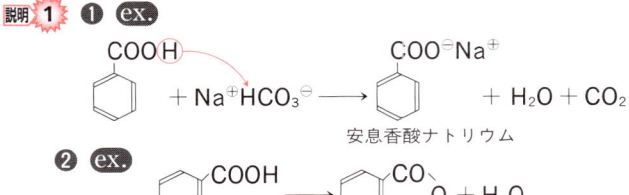

説明 1 ❶ ex.

C_6H_5-COOH + $Na^+HCO_3^-$ ⟶ C_6H_5-COO^-Na^+ + H_2O + CO_2

　　　　　　　　　　　　　　　　　安息香酸ナトリウム

❷ ex.

フタル酸 ⟶ 無水フタル酸 + H_2O

❸ ex.

$$\text{C}_6\text{H}_5\text{-COOH} + \text{CH}_3\text{OH} \longrightarrow \text{C}_6\text{H}_5\text{-COOCH}_3 + \text{H}_2\text{O}$$

安息香酸メチル

（注）**縮合重合**：縮合反応を繰り返し，重なり合わせていく (参p.83)

ex. テレフタル酸とエチレングリコール

$$n\text{HO-CO-C}_6\text{H}_4\text{-CO-OH} + n\text{HO-CH}_2\text{-CH}_2\text{-OH}$$

$$\longrightarrow \left[\text{CO-C}_6\text{H}_4\text{-CO-O-CH}_2\text{-CH}_2\text{-O} \right]_n$$

ポリエチレンテレフタラート（PET）

説明 2 トルエンやキシレンを$KMnO_4$で酸化すると，さまざまな芳香族カルボン酸が得られる。(参p.60)

（参考）無水フタル酸と無水マレイン酸の別製法

● 無水フタル酸

ナフタレン ＋ V_2O_5触媒 ＋ 高温 （酸化バナジウム）

$\xrightarrow{\text{空気酸化}}$ 無水フタル酸

ナフタレン → フタル酸（o-C$_6$H$_4$(COOH)$_2$） → 無水フタル酸

● 無水マレイン酸

ベンゼン ＋ V_2O_5触媒 ＋ 高温

$\xrightarrow{\text{空気酸化}}$ 無水マレイン酸

ベンゼン → マレイン酸 → 無水マレイン酸

2 代表的な芳香族カルボン酸(サリチル酸)

暗記POINT

1 常温で固体

2 製法　ナトリウムフェノキシドに高温・高圧でCO_2を作用させ，酸を加えて得る。

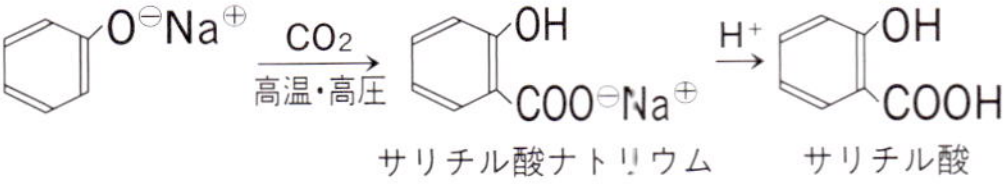

$$\text{C}_6\text{H}_5\text{O}^-\text{Na}^+ \xrightarrow[\text{高温・高圧}]{CO_2} \underset{\text{サリチル酸ナトリウム}}{\text{(OH, COO}^-\text{Na}^+\text{)}} \xrightarrow{H^+} \underset{\text{サリチル酸}}{\text{(OH, COOH)}}$$

3 アセチル(エステル)化　無水酢酸を作用させる。
　→ アセチルサリチル酸(固体，解熱鎮痛剤)

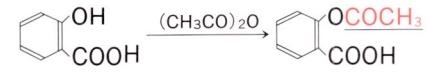

$$\text{(OH, COOH)} \xrightarrow{(CH_3CO)_2O} \text{(OCOCH}_3\text{, COOH)}$$

4 エステル化　メタノールを作用させる。
　→ サリチル酸メチル(液体，消炎剤)

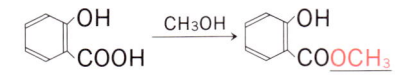

$$\text{(OH, COOH)} \xrightarrow{CH_3OH} \text{(OH, COOCH}_3\text{)}$$

説明2 高温・高圧条件で$O=C=O$がベンゼン環につく。

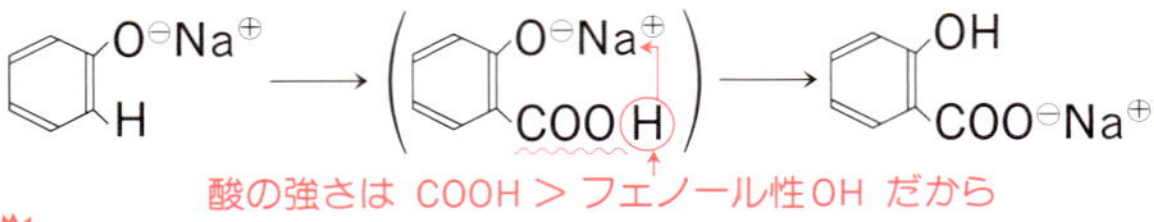

$$\text{(O}^-\text{Na}^+\text{, H)} \longrightarrow \text{(O}^-\text{Na}^+\text{, COOH)} \longrightarrow \text{(OH, COO}^-\text{Na}^+\text{)}$$

酸の強さは　COOH > フェノール性OH　だから

説明3 無水酢酸は酢酸よりも強力に縮合する。

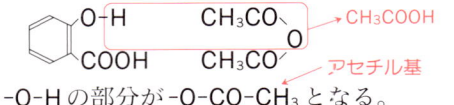

-O-H の部分が -O-CO-CH$_3$ となる。

　　　　　→ CH_3COOH
　　　　　アセチル基

説明4 -CO-OH の部分が CO-O-CH$_3$ となる。

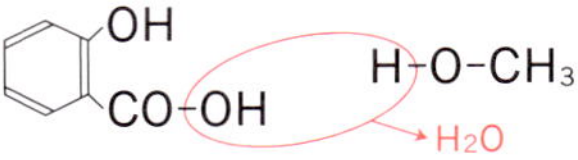

$$\text{(OH, CO-OH)} + H-O-CH_3 \longrightarrow H_2O$$

4 芳香族化合物 • 71

（実験）　アセチルサリチル酸の合成

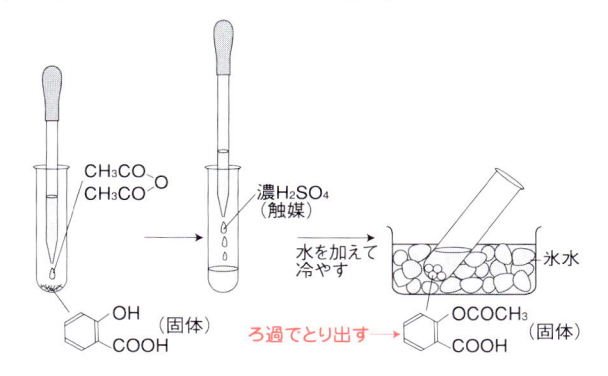

CH_3CO-O, CH_3CO-O → 濃H_2SO_4（触媒） → 水を加えて冷やす → 氷水

OH, $COOH$（固体）　ろ過でとり出す→　$OCOCH_3$, $COOH$（固体）

（実験）　サリチル酸メチルの合成

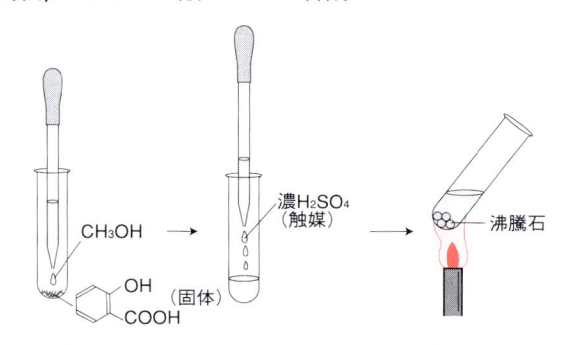

CH_3OH → 濃H_2SO_4（触媒） → 沸騰石

OH, $COOH$（固体）

未反応のサリチル酸を除去するため，炭酸水素ナトリウム水溶液に注ぐ。──→サリチル酸は水溶性の塩になる

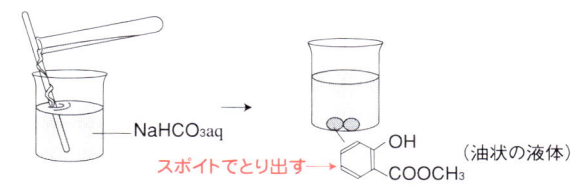

$NaHCO_3$aq　→　スポイトでとり出す→　OH, $COOCH_3$（油状の液体）

❹ 芳香族アミン

1 窒素を含む有機化合物

> **暗記POINT**
>
> **ニトロ化合物**：ニトロ基($-NO_2$)をもつ化合物の総称
> **アミン**：アミノ基($-NH_2$)をもつ化合物の総称
> **アミド**：アミド結合($-CO-NH-$)をもつ化合物の総称
> **アゾ化合物**：アゾ基($-N=N-$)をもつ化合物の総称

代表例を次に挙げる。

ニトロ化合物 　C₆H₅-NO_2
　　　　　　　ニトロベンゼン

アミン 　　　 C₆H₅-NH₂
　　　　　　　アニリン

アミド 　　　 C₆H₅-NH-CO-CH₃
　　　　　　　アセトアニリド

アゾ化合物 　 C₆H₅-N=N-C₆H₄-OH
　　　　　　　p-フェニルアゾフェノール
　　　　　　　(p-ヒドロキシアゾベンゼン)

窒素を含む有機化合物にNaOHを加えて加熱すると，NH_3が発生する(窒素の検出)。
└─ リトマス紙が青変，HClと白煙などで確認

(参考) 塩素を含む有機化合物に熱した銅線をつけると$CuCl_2$になる。
　　└─ Cuの炎色反応(青緑色)を示しやすい

2 アニリンの製法と誘導体

暗記POINT

1 ベンゼンを置換してニトロベンゼンへ

ベンゼン → ベンゼン-NO_2

2 ニトロベンゼンを還元してアニリンへ

ベンゼン-NO_2 → ベンゼン-NH_2

3 アニリンをジアゾ化して塩化ベンゼンジアゾニウムへ

ベンゼン-NH_2 → ベンゼン-N_2Cl
塩化ベンゼンジアゾニウム

4 塩化ベンゼンジアゾニウムとナトリウムフェノキシドを(ジアゾ)カップリングしてp-フェニルアゾフェノールへ

ベンゼン-N_2Cl → ベンゼン-N=N-ベンゼン-OH
p-フェニルアゾフェノール

説明1 ベンゼンに,濃硝酸 + 濃硫酸(混酸)を加える。

説明2 ニトロベンゼンをスズ(または鉄)と塩酸で還元する。

$$2\,\text{C}_6\text{H}_5\text{NO}_2 + 3\text{Sn} + 12\text{HCl} \longrightarrow 2\,\text{C}_6\text{H}_5\text{NH}_2 + 3\text{SnCl}_4 + 4\text{H}_2\text{O}$$

また,アニリンは弱塩基性なので,さらに塩酸と反応して塩を形成している。

$$\text{C}_6\text{H}_5\text{NH}_2 + \text{HCl} \longrightarrow \text{C}_6\text{H}_5\text{NH}_3{}^+\text{Cl}^-$$

アニリン塩酸塩

これにNaOHを作用させると，アニリンが遊離する。

$$\underset{}{C_6H_5NH_3^+Cl^-} + Na^+OH^- \longrightarrow C_6H_5NH_2 + Na^+Cl^- + H_2O$$

説明3 アニリンの希塩酸溶液に，冷却しながら亜硝酸ナトリウム水溶液を加える。この反応をジアゾ化という。

$$C_6H_5NH_2 + 2HCl + NaNO_2 \longrightarrow C_6H_5N_2Cl + NaCl + 2H_2O$$

$-N_2Cl$の部分は$-N^+\equiv NCl^-$となっている。
　　　　　　　　　└ ジ(2)アソ(N)ニウム(陽イオン)

ただし，$-N=N-Cl$と書くこともある。

　塩化ベンゼンジアゾニウムは不安定で，冷却しないで5℃以上になると，フェノールに分解してしまう。

$$C_6H_5N_2Cl + H_2O \longrightarrow C_6H_5OH + N_2 + HCl$$

説明4 塩化ベンゼンジアゾニウムの水溶液に，フェノールの水酸化ナトリウム水溶液(ナトリウムフェノキシドになっている)を加える。

$$C_6H_5N_2Cl + C_6H_5O^-Na^+ \longrightarrow C_6H_5-N=N-C_6H_4-OH + NaCl$$

p-フェニルアゾフェノール
(p-ヒドロキシアゾベンゼン)

橙赤色

(実験) ニトロベンゼンの合成

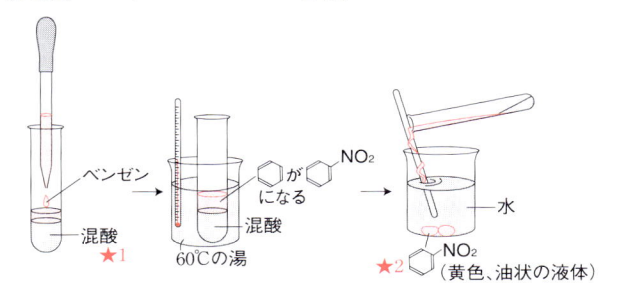

★1 濃硫酸は約96% H_2SO_4 だが,濃硝酸は濃くても62%程度である。よって,濃硫酸を水で薄めるときと同様に,濃硝酸に濃硫酸を少しずつ加えて混酸をつくる。

★2 密度(比重)は,

　　ベンゼン＜ 水 ＜ニトロベンゼン＜ 混酸
　　 (0.88)　 (1)　　 (1.2)　　　 (約1.6)

なので,ニトロベンゼンが<u>上</u>層から<u>下</u>層に移る点に注意。

(実験) アニリンの合成

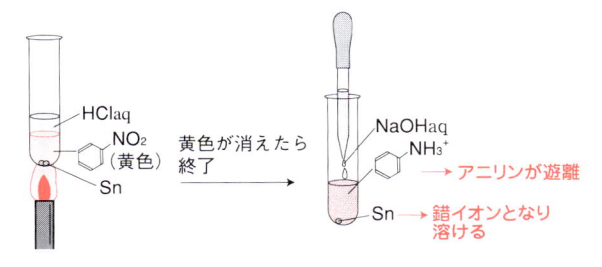

3 代表的な芳香族アミン（アニリン）

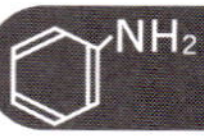

> **芳香族アミン**
> - **a** 弱塩基。塩酸と中和反応する
> - **b** 無水酢酸と縮合反応（アセチル化）する
> - **c** さらし粉で赤紫色に呈色する

▶ a 弱塩基。塩酸と中和反応する

アニリンは水に溶けにくいが，弱塩基なので，塩酸には溶ける。（参p.73）

ただし，アンモニア，脂肪族アミンより弱い塩基で，リトマス紙を変えることもできない。

▶ b 無水酢酸と縮合反応（アセチル化）する

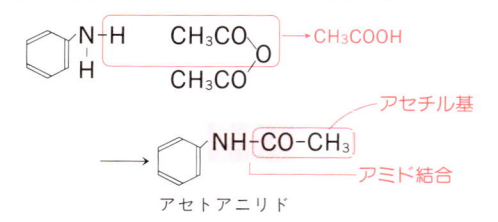

$$C_6H_5-NH_2 + (CH_3CO)_2O \longrightarrow C_6H_5-NH-CO-CH_3 + CH_3COOH$$

（アセトアニリド，アセチル基，アミド結合）

▶ c さらし粉で赤紫色に呈色する

アニリンはさらし粉によって酸化されやすく，赤紫色に呈色する。この反応はアニリンの検出に用いられる。さらし粉は漂白剤として用いられ，他の物質では白くさせるが，アニリンとの反応は特異的である。

また，二クロム酸カリウム $K_2Cr_2O_7$ によって酸化されると黒色物質（アニリンブラック）ができる。これは，代表的な黒色染料として利用される。

4 芳香族化合物 ● 77

❺ 有機化合物の分離

1 水と有機溶媒への溶解性

疎水基と親水基

▶ **a** 疎水基(親油基)
 アルキル基(CH_3-など),ベンゼン環
▶ **b** 親水基
 ヒドロキシ基(-OH),カルボニル基(-CO-)
 　C_3まで溶ける　　　　両隣のC_1まで溶ける
 カルボキシ基(-COOH),スルホ基(-SO$_3$H)
 　C_4まで溶ける
 イオン性物質(塩)　　　基本的に易溶

▶ **a 疎水基**:極性が小さい,または,ない部分
 水とは水和できない。有機溶媒には溶けやすい。
▶ **b 親水基**:極性が大きい部分
 水と水和して溶ける。有機溶媒には溶けにくい。

暗記POINT

水に可溶	エタノール,酢酸,アセトアルデヒド,アセトン ベンゼンスルホン酸,糖・アミノ酸		
水に不溶・エーテルに可溶	中性物質	ヘキサン,ベンゼン,トルエン ニトロベンゼン,油脂(エステル)	
	酸・塩基(塩になれば溶ける)	希HClに可溶	アニリン
		NaOHaqに可溶 / NaHCO$_3$aqに可溶	安息香酸
		NaOHaqに可溶 / NaHCO$_3$aqに不溶	フェノール

2 芳香族化合物の分離抽出

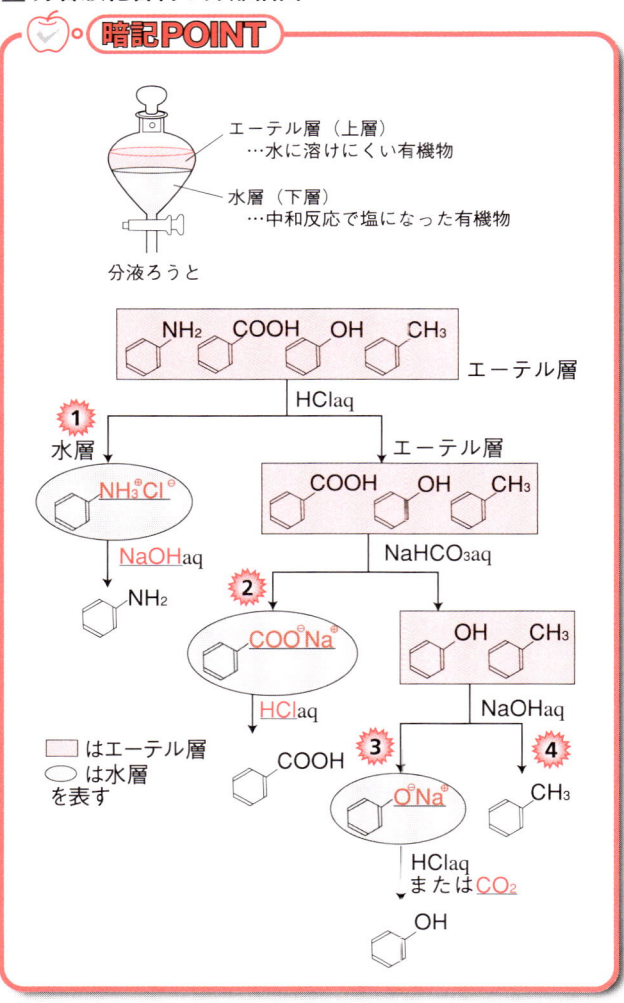

暗記POINT

エーテル層（上層）
…水に溶けにくい有機物

水層（下層）
…中和反応で塩になった有機物

分液ろうと

エーテル層: $C_6H_5NH_2$, C_6H_5COOH, C_6H_5OH, $C_6H_5CH_3$

↓ HClaq

① 水層: $C_6H_5NH_3^+Cl^-$ → NaOHaq → $C_6H_5NH_2$

エーテル層: C_6H_5COOH, C_6H_5OH, $C_6H_5CH_3$

↓ $NaHCO_3$aq

② 水層: $C_6H_5COO^-Na^+$ → HClaq → C_6H_5COOH

エーテル層: C_6H_5OH, $C_6H_5CH_3$

↓ NaOHaq

③ 水層: $C_6H_5O^-Na^+$ → HClaq または CO_2 → C_6H_5OH

④ エーテル層: $C_6H_5CH_3$

□ はエーテル層
○ は水層
を表す

4 芳香族化合物

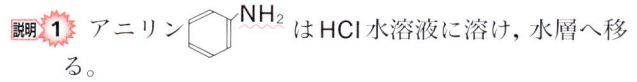

説明 1 アニリン〔◯-NH₂〕はHCl水溶液に溶け,水層へ移る。

この水層にNaOH水溶液を加えると,アニリンが遊離する。(参p.74)

アニリンであることは,さらし粉で赤紫色に呈色することで確かめる。

説明 2 安息香酸〔◯-COOH〕はNaHCO₃水溶液やNaOH水溶液に溶け,水層へ移る。

この水層に強酸を加えると,カルボン酸が遊離する。(参p.47)

説明 3 酸性物質のフェノール〔◯-OH〕はNaOH水溶液に溶け,水層へ移る。(NaHCO₃水溶液には溶けない)。

この水層にHCl水溶液やCO₂(炭酸)を加えると,フェノールが遊離する。(参p.64)

フェノールであることは,塩化鉄(Ⅲ)水溶液で紫色に呈色することで確かめる。

遊離した各有機化合物は,エーテルで同様に抽出して,水層を分離したのち,エーテルを蒸発させれば得られる。

説明 4 水に溶けにくい中性物質(トルエンのほか,ベンゼン,ナフタレン,ニトロベンゼン,油脂など)は,最後まで有機溶媒に残る。

この段階でエーテルを蒸発させても2種類以上の化合物があるときには,分留の操作で分離する。

高分子化合物

1 糖類・タンパク質

❶ 高分子化合物

1 高分子化合物の定義と分類

> **暗記POINT**
>
> **1** 高分子化合物：分子量の小さな分子(低分子)が
>   たくさん共有結合してつながった分子
>
> 単量体(モノマー)
> … ○ ○ ○ ○ ○ ○ …
> ⟶ …-○-○-○-○-○-○-…
> 　　　　　　　重合体(ポリマー)
>
> 単量体から重合体ができる反応を<u>重合</u>という。
> 重合体は，$\{○\}_n$ のように表され，このときの n を<u>重合度</u>という。
>
> **2** 高分子化合物の分類
>   **❶** <u>天然</u>高分子化合物：自然界に存在する高分子
>   化合物
>   　**ex.** デンプン，セルロース，タンパク質，
>   核酸(DNA, RNA)，天然ゴム
>   **❷** <u>合成</u>高分子化合物：人工的に合成された高分子
>   化合物
>   　**ex.** ナイロン，ポリエステル，ポリエチレン，
>   フェノール樹脂，ポリブタジエン

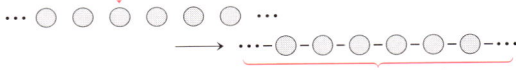

説明 1 高分子化合物の分子量は10000を越える。
説明 2 二酸化ケイ素(石英，水晶)，雲母，アスベスト，ガラスなどは無機高分子化合物とよばれるが，高分子化合物はふつう，有機化合物のものをさす。

2 重合の種類

暗記POINT

1 付加重合：二重結合をもつ単量体が，付加反応をくり返して重合する。

ex. ポリエチレン(付加重合体)

$$n\text{CH}_2=\text{CH}_2 \longrightarrow \text{+CH}_2\text{-CH}_2\text{+}_n$$

エチレン　　　　　　ポリエチレン

2 縮合重合：水のような簡単な分子がとれ，縮合反応をくり返して重合する。

ex. ポリエチレンテレフタラート(縮合重合体)

$$n\text{HO-CH}_2\text{-CH}_2\text{-OH} + n\text{HO-C-}\bigcirc\text{-C-OH}$$
$$\qquad\qquad\qquad\qquad\qquad\quad\text{O}\qquad\quad\text{O}$$

エチレングリコール　　　　　　テレフタル酸

$$\longrightarrow \text{+O-CH}_2\text{-CH}_2\text{-O-C-}\bigcirc\text{-C+}_n + 2n\text{H}_2\text{O}$$
$$\qquad\qquad\qquad\qquad\quad\text{O}\qquad\quad\text{O}$$

ポリエチレンテレフタラート

縮合重合体は，<u>加水分解</u>(縮合の逆反応)で単量体にもどすこともできる。

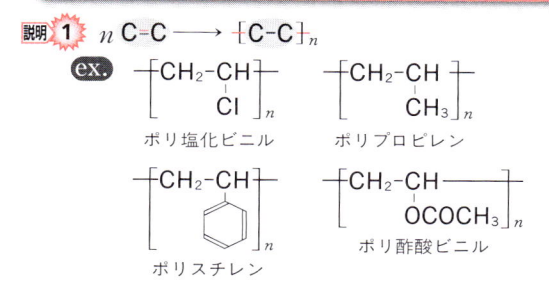

説明 1

$$n\text{ C=C} \longrightarrow \text{+C-C+}_n$$

ex.

$$\text{+CH}_2\text{-CH+}_n \qquad \text{+CH}_2\text{-CH+}_n$$
$$\qquad\quad|\qquad\qquad\qquad\quad|$$
$$\qquad\;\;\text{Cl}\qquad\qquad\qquad\;\text{CH}_3$$

ポリ塩化ビニル　　　ポリプロピレン

$$\text{+CH}_2\text{-CH+}_n \qquad \text{+CH}_2\text{-CH+}_n$$
$$\qquad\quad|\qquad\qquad\qquad\quad|$$
$$\qquad\;\bigcirc\qquad\qquad\quad\text{OCOCH}_3$$

ポリスチレン　　　　ポリ酢酸ビニル

付加重合体の名称は「ポリ(単量体名)」となる。

「ポリエチレンは二重結合をもつ」は誤り。

説明 2

nHO- ▓ -OH ⟶ ﹛ ▓ -O﹜$_n$ + nH$_2$O 〔エーテル結合（場合によりグリコシド結合）〕

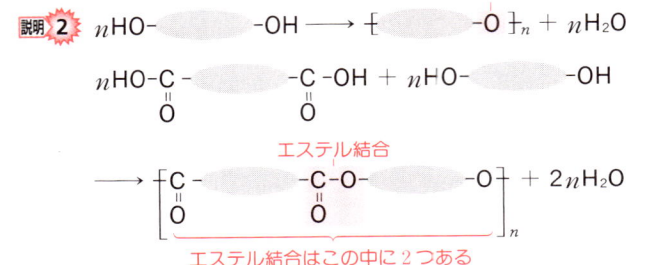

nHO-C- ▓ -C-OH + nHO- ▓ -OH
      ‖   ‖
      O   O

⟶ ﹛C- ▓ -C-O- ▓ -O﹜$_n$ + 2nH$_2$O
   ‖   ‖
   O   O

〔エステル結合〕
エステル結合はこの中に2つある

nHO-C- ▓ -C-OH + nH-N- ▓ -N-H
      ‖   ‖ | |
      O   O   H   H

⟶ ﹛C- ▓ -C-N- ▓ -N-﹜$_n$ + 2nH$_2$O
   ‖   ‖ | |
   O   O H   H

〔アミド結合（場合によりペプチド結合）〕
アミド結合はこの中に2つある

縮合する官能基がモノマーに1つしかないと，縮合を1回するだけで高分子化合物にはならない。

縮合する官能基がモノマーに2つあると，縮合をくり返して，直鎖状の高分子化合物が合成できる。

ex. デンプン（参p.90），タンパク質（参p.98）

﹛C-(CH$_2$)$_4$-C-N-(CH$_2$)$_6$-N﹜$_n$
 ‖   ‖ | |
 O   O H   H

ナイロン66

「ナイロン66の重合度が900」のとき，
アミド結合は1分子中に2×900＝1800ある。

（厳密には，末端で結合はできていないので1799だが，ふだんの計算では無視することが多い。）

3 高分子化合物の一般的特徴

暗記POINT

1. 分子量は一定ではなく，平均分子量で表す。
2. 分子の配列が規則正しい部分(結晶部分)と，不規則な部分(非結晶部分)が混じっている。
3. 固体で，明確な融点をもたない。溶媒に溶けにくい。
4. 溶解する場合はコロイドになる。

説明1 重合度をそろえて合成できないため。ただし，天然高分子の中には分子量が一定のものもある。

高分子化合物の分子量は浸透圧から求めたり，溶液の粘度から求めることができる。

説明2 非結晶(非晶) ＝ 無定形固体 ＝ アモルファス

結晶部分が多い　⟷　非結晶部分が多い
　強度が増す　　　　柔軟性が増す

ゴムのように，非結晶部分のみで構成されているものもある。

説明3 熱可塑性樹脂(参 p.114)は，加熱していくと，

固体 → 軟化(軟化点) → 液体(融点)　　〔かんでいるときのガムのような状態〕

という変化をたどる。分解するため融点・沸点をもたないものも多い。

説明4 溶媒に分散した高分子化合物は，1分子だけでもコロイド粒子の大きさになる。これを分子コロイドという。

ex. デンプン，タンパク質

❷ 糖類

1 単糖類

暗記POINT

1. **糖類**：$C_mH_{2n}O_n$ または $C_m(H_2O)_n$ で表され、**炭水化物**ともいう。植物の光合成でつくられる。

2. **単糖類**：加水分解されない糖。糖類の基本単位
   $C_6H_{12}O_6$（**六炭糖**）…グルコース（ブドウ糖），フルクトース（果糖），ガラクトース
   $C_5H_{10}O_5$（五炭糖）…リボース

3. グルコースの構造

   α-グルコース　　　鎖状構造　　　β-グルコース

   -OHは下上下上（ジグザグ）につく

4. ガラクトース，フルクトースの構造

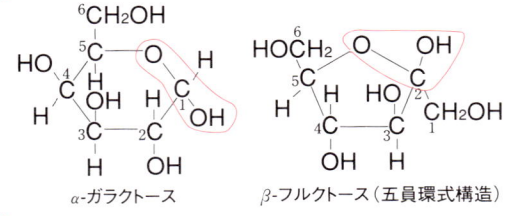

   α-ガラクトース　　β-フルクトース（五員環式構造）

5. 水に溶けやすい（非電解質）。

6. アルコール発酵
   $$C_6H_{12}O_6 \longrightarrow 2C_2H_5OH + 2CO_2$$

1 糖類・タンパク質 ● 87

説明3 環中の -O- がもともと5位のものと考えると，各炭素1つにつき，-OH は1つついている。

1位の炭素につく -OH の位置で，<u>α</u>（下）と<u>β</u>（上）に分ける。

鎖状構造には -CHO 基があるので，<u>還元性</u>がある。環状構造では，-O-C-OH の構造の有無で判断するとよい。単糖類にはこの構造が必ずあり，還元性を示す。

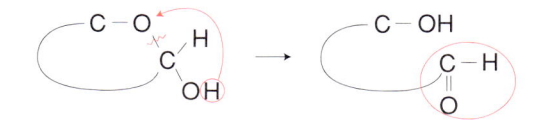

$$\begin{array}{c} \text{C-O} \\ \diagdown \text{H} \\ \text{C} \\ \text{OH} \end{array} \longrightarrow \begin{array}{c} \text{C-OH} \\ \\ \text{C-H} \\ \| \\ \text{O} \end{array}$$

環状構造には不斉炭素原子が<u>5</u>つ（1～5位のC），鎖状構造には不斉炭素原子が<u>4</u>つ存在する。

説明4 グルコースの4位の炭素につく -OH の位置が逆になると，ガラクトースになる（グルコースの<u>立体</u>異性体）。ガラクトースも鎖状構造や β のものがある。

フルクトースが鎖状構造になるとケトン基をもつが，これが転移して還元性をもつようになる（グルコースの<u>構造</u>異性体）。鎖状構造，六員環式構造（α，β），五員環式構造（α，β）の5種類の状態がある。

説明5 1分子中にヒドロキシ基が5つもあるので，水に溶けやすい。

説明6 単糖類（六炭糖）は酵母菌の酵素<u>チマーゼ</u>の働きにより，エタノールと二酸化炭素を生じる（アルコール発酵）。（参 p.132）

2 二糖類

暗記POINT

1 二糖類($C_{12}H_{22}O_{11}$)：単糖類2つが，ヒドロキシ基どうしで縮合したもの

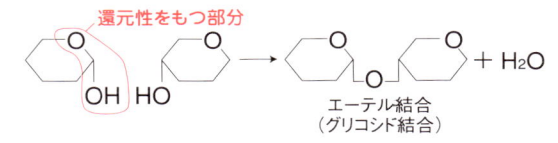

還元性をもつ部分

エーテル結合
(グリコシド結合)
+ H_2O

-OHの1つは必ず還元性をもつ部分で行われる。

ex. マルトース(麦芽糖)，セロビオース，スクロース(ショ糖)，ラクトース(乳糖)

2 二糖類を構成する単糖類

二糖類	単糖類
スクロース	グルコース ＋ フルクトース
マルトース	α-グルコース ＋ α-グルコース
セロビオース	β-グルコース ＋ β-グルコース
ラクトース	グルコース ＋ ガラクトース

3 スクロースは，還元性をもつ部分どうしが結合に使われてしまうから，還元性を示さない。

4 二糖類は加水分解する。

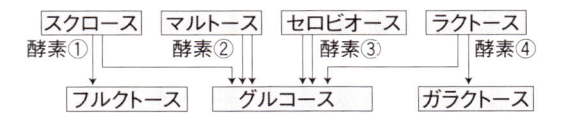

```
スクロース   マルトース   セロビオース   ラクトース
  │酵素①      │酵素②        │酵素③         │酵素④
  ▼           ▼             ▼              ▼
フルクトース    グルコース              ガラクトース
```

酵素① スクラーゼ
　　　(インベルターゼ)
酵素② マルターゼ
酵素③ セロビアーゼ
酵素④ ラクターゼ

｝ 酵素の代わりに，酸を加えて加水分解することもできる。

説明 2

マルトース

α-グルコース　　α-グルコース

セロビオース

β-グルコース　　β-グルコース

ラクトース

ガラクトース　　β-グルコース

スクロース

α-グルコース　　β-フルクトース

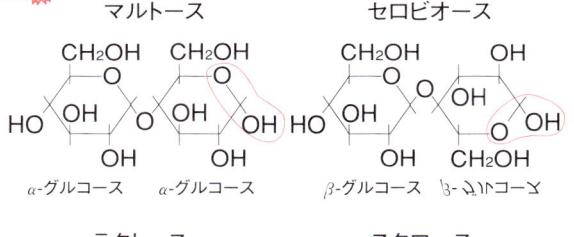

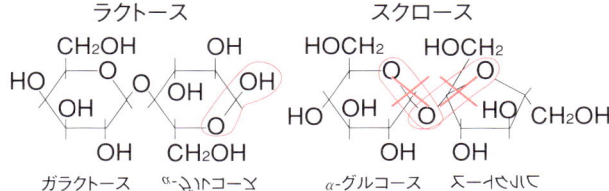

説明 3
スクロースだけは，-O-C-OH の部分（＝還元性をもつ部分）がなくなっている。上図の ⬭ 参照。

説明 4
これらの酵素の名称は，基質（≒酵素がはたらく反応物）の名称に「-アーゼ(-ase)」をつける。

　また，加水分解後に生じる単糖類は，可逆的に鎖状構造や他の構造をとる。例えばマルトースはα-グルコース2つで構成されてはいるが，加水分解した後は，β-グルコースも存在する。

（参考）

　トレハロース（右図）はスクロースと同様に還元性をもたない。クマムシ（動物）やイワヒバ（植物），干しシイタケが乾燥して

α-グルコース　　α-グルコース

も水を加えると復活するのは，トレハロースが細胞の構造を保持する働きをするため。

3 多糖類

暗記POINT

1 多糖類 $(C_6H_{10}O_5)_n$：多数の単糖類が縮合重合した高分子化合物

$$n \underset{\text{HO} \quad \text{OH}}{\text{〇}} \longrightarrow \cdots \text{〇-〇-〇-〇-〇} \cdots + nH_2O$$

ex. デンプン，セルロース，グリコーゲン

2 デンプン

$\underline{\alpha}$-グルコースが縮合重合してできている。

<u>らせん</u>構造をもつ { 直鎖状…<u>アミロース</u> / 分枝状…<u>アミロペクチン</u>

3 セルロース

$\underline{\beta}$-グルコースが縮合重合してできている。

<u>直線状</u>構造（らせん構造をもたない）である。

4 性質

	❶還元性	❷水溶性	❸ヨウ素デンプン反応
アミロース	示さない	温水に溶ける	青紫色
アミロペクチン	示さない	溶けにくい	赤紫色
セルロース	示さない	溶けにくい	呈色せず
グリコーゲン	示さない	冷水に溶ける	赤褐色

5 多糖類の加水分解

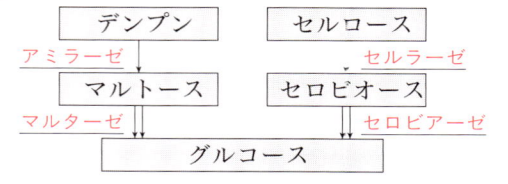

```
  デンプン              セルロース
    ↓ アミラーゼ           ↓ セルラーゼ
  マルトース            セロビオース
    ↓ マルターゼ           ↓ セロビアーゼ
           グルコース
```

<u>酸</u>で加水分解すると，直接グルコースになる。

説明 2 デンプンは植物が光合成により合成し、根・茎などに蓄えられている。

α-グルコースが縮合していくと、構造的なゆがみが生じる。

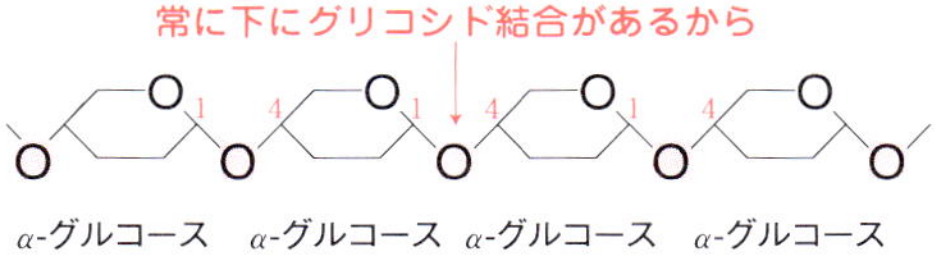

常に下にグリコシド結合があるから

α-グルコース　α-グルコース　α-グルコース　α-グルコース

OH基の残った部分が分子内で水素結合をし、6個のグルコースでひと巻きのらせん構造を形成する。

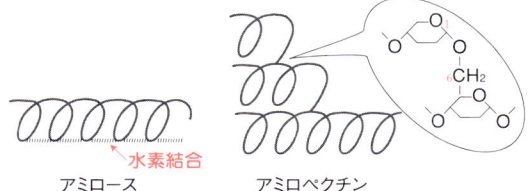

アミロース　　水素結合　　アミロペクチン

アミロースは1,4位の部分で縮合するのみ。

アミロペクチンは1,4位の部分のほかに1,6位の部分でも縮合し、これが枝分かれを発生させる。

<u>グリコーゲン</u>(動物デンプン)は動物体内でα-グルコースから合成され、肝臓や筋肉に蓄えられている。アミロペクチンと構造が似ているが、枝分かれの数はアミロペクチンより多く、1本あたりのらせんは短い。

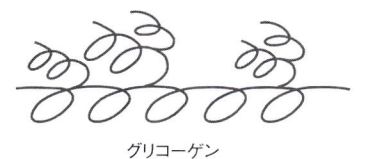

グリコーゲン

説明3 セルロースは植物の細胞壁に存在する。

　β-グルコースが縮合していっても，デンプンのような構造的なゆがみは生じない。

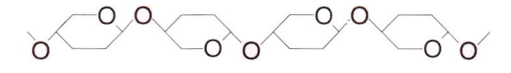

β-グルコース　β-グルコース　β-グルコース　β-グルコース

　OH基の残った部分が分子間で水素結合をし，分子どうしが強く結びつく。

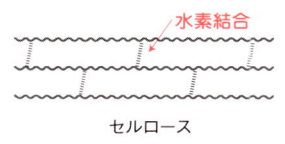

水素結合

セルロース

説明4 ❶ 還元性をもつ部分が次々と結合に使われるため，還元性を示さない。末端に1つ残るが，この影響は無視される。

❷ 残っているOH基の数と，水が内部にまで入れる構造かによって，水溶性が決まる。

❸ ヨウ素がらせん構造の中に入り込むことで呈色する。加熱すると，ヨウ素がらせん構造から離れ，色が消失する。らせんの巻き数が多いほど，ヨウ素がたくさん入り込み，青色が強くなる。

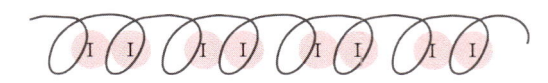

説明5 デンプンは，だ液中のアミラーゼにより加水分解され，マルトースになる。その途中で生じるさまざまな多糖類はデキストリンとよばれる。

　また，単糖類が2～10個程度結合した糖類は，少糖類(オリゴ糖)とよばれる。

例題 高分子化合物の計算

平均分子量 5.67×10^5 のデンプン405gについて、以下の各問に答えよ。ただし、反応は完全に行われたとし、原子量は、H＝1.0，C＝12，O＝16，アボガドロ定数は、6.0×10^{23}/molとする。

問 ❶ 平均分子量からデンプンの重合度を求めよ。

問 ❷ デンプンがすべて同じ重合度と仮定すると、405g中にデンプンは何個あるか。

問 ❸ デンプン405gがグルコースに加水分解されたとすると、何gのグルコースが得られるか。

問 ❹ デンプン405gがグルコースに加水分解され、さらに、アルコール発酵によりエタノールと二酸化炭素になったとすると、何gのエタノールが得られるか。

●解説

問 ❶ デンプン$(C_6H_{10}O_5)_n$の平均分子量は $162n$ より

$$162n = 5.67 \times 10^5 \quad \text{よって、} n = 3.50 \times 10^3$$ 答

問 ❷ $\dfrac{405}{5.67 \times 10^5} \times 6.0 \times 10^{23} = 4.29 \times 10^{20}$（個）答

（デンプン〔mol〕）

問 ❸ (1) $(C_6H_{10}O_5)_n + nH_2O \longrightarrow nC_6H_{12}O_6$

分子量　$162n$　　　　　　　　　　180

1molのデンプンからn〔mol〕のグルコースが生成するので、

$$\dfrac{405}{162n} \times \dfrac{n}{1} \times 180 = 450 \text{（g）}$$ 答

問 ❹ (1) $C_6H_{12}O_6 \longrightarrow 2C_2H_5OH + 2CO_2$

分子量　180　　　　　　　46

1molのグルコースから2molのエタノールが生成するので、$\dfrac{405}{162n} \times \dfrac{n}{1} \times \dfrac{2}{1} \times 46 = 230 \text{（g）}$ 答

❸ アミノ酸とタンパク質

1 アミノ酸

暗記POINT

1 **アミノ酸**：(酸性の)カルボキシ基と(塩基性の)アミノ基をもつ化合物

$$\begin{array}{c} H \\ H-N-C-C-O-H \\ H\ (R)\ O \end{array}$$

2 側鎖Rにより，固有の名称がある(約20種類)。

① 側鎖がH(最も簡単なアミノ酸) ➡ グリシン

側鎖がCH_3 ➡ アラニン

$$\begin{array}{c} H-N-CH-C-O-H \\ H\ \ H\ \ \ \ O \end{array} \quad \begin{array}{c} H-N-CH-C-O-H \\ H\ \ CH_3\ \ O \end{array}$$
　　グリシン　　　　　　　アラニン

グリシン以外は光学異性体が存在する。

② 側鎖に硫黄Sを含む
　　➡ システイン，メチオニン

③ 側鎖にベンゼン環を含む
　　➡ フェニルアラニン，チロシン

④ カルボキシ基を2つもつ(酸性アミノ酸)
　　➡ グルタミン酸，アスパラギン酸

⑤ アミノ基を2つもつ(塩基性アミノ酸)
　　➡ リシン

3 水に溶けやすく，pHの変化によりイオンの状態が異なる。

$$NH_3^+\text{-}CH\text{-}COOH \underset{H^+}{\overset{OH^-}{\rightleftharpoons}} NH_3^+\text{-}CH\text{-}COO^- \underset{H^+}{\overset{OH^-}{\rightleftharpoons}} NH_2\text{-}CH\text{-}COO^-$$
$$\quad\ \ R \qquad\qquad\qquad\quad R \qquad\qquad\qquad\quad R$$
　陽イオン　　　　　　双性イオン　　　　　　陰イオン

アミノ酸の融点は，他の有機物よりかなり高い。

説明1 α-アミノ酸の「α」とは，-COOHのついている炭素に-NH$_2$がついていることを示す。つく位置によっては「β」も「γ」もあるが，「α」が最も重要。

ex. γ-アミノ酸　　NH$_2$-C-C-C-COOH
　　　　　　　　　　　　　　↑　↑　↑
　　　　　　　　　　　　　　γ　β　α

説明2 ❷❸　アミノ酸の配列を決めるときの検出反応(参p.100)で，重要なもの。

❹❺　電気泳動やイオン交換樹脂で，ほかの中性アミノ酸とは違ったふるまいをするもの。(参p.97)

(参考)
① チロシンにはフェノール性OH基がある。
② ヒトの体内では合成できず，食べ物で摂取することが必要なアミノ酸を必須アミノ酸という。成人の場合，次のものがある。

　フェニルアラニン　　　メチオニン
　イソロイシン　　　　　トリプトファン
　バリン　　　　　　　　ロイシン
　リシン
　トレオニン

頭の文字をつなげると，「フェイバリット メトロ」となる

説明3 中性(pH=7)付近では，-COOHと-NH$_2$は電離(イオン化)している。

アミノ酸の平衡混合物の電荷が全体として0となるときのpHを等電点という。等電点では双性イオンが最も多く，陽イオンと陰イオンの濃度は等しい。

アミノ酸の結晶は双性イオンのまま結晶化するので，イオン結晶である(構造式のような分子で結晶になるのではない)。

（参考） アミノ酸の電離平衡　**ex.** グリシン

$$NH_3^+\text{-}CH_2\text{-}COOH \underset{H^+}{\overset{H^+}{\rightleftarrows}} NH_3^+\text{-}CH_2\text{-}COO^- \underset{H^+}{\overset{H^+}{\rightleftarrows}} NH_2\text{-}CH_2\text{-}COO^-$$

陽イオン(A^+)　　　双性イオン(A^{+-})　　　陰イオン(A^-)

$$K_1 = \frac{[A^{+-}][H^+]}{[A^+]} = 10^{-2.4} \quad K_2 = \frac{[A^-][H^+]}{[A^{+-}]} = 10^{-9.6}$$

pH＝1.4のとき$[H^+] = 10^{-1.4}$である。

K_1より，$[A^+] : [A^{+-}] = 10 : 1$

K_2より，$[A^{+-}] : [A^-] = 1 : 10^{-8.2}$

pHを変えて計算を行うと，各イオンの比は次のようになる。

pH	$[A^+] : [A^{+-}] : [A^-]$	pH	$[A^+] : [A^{+-}] : [A^-]$
1.4	$10 : 1 : 10^{-8.2}$	6.0	$10^{-3.6} : 1 : 10^{-3.6}$
2.4	$1 : 1 : 10^{-7.2}$	8.6	$10^{-6.2} : 1 : 10^{-1}$
3.4	$10^{-1} : 1 : 10^{-6.2}$	9.6	$10^{-7.2} : 1 : 1$
4.4	$10^{-2} : 1 : 10^{-5.2}$	10.6	$10^{-8.2} : 1 : 10$
5.4	$10^{-3} : 1 : 10^{-4.2}$		

これをグラフで表すと，

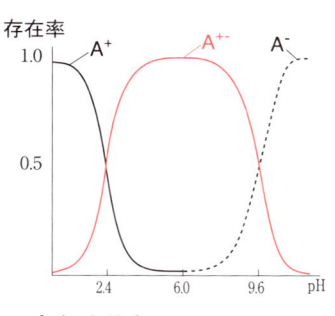

〈等電点とは〉
① $[A^+] = [A^-]$
② $[A^{+-}]$が最大
③ $pK = -\log K$
とするなら，
$$\frac{pK_1 + pK_2}{2} = 6.0$$

まとめると，

$$A^+ \rightleftarrows A^{+-} \rightleftarrows A^-$$
pH　2.4　　6.0　　9.6

$[A^+]=[A^{+-}]$の緩衝液　　等電点　　$[A^{+-}]=[A^-]$の緩衝液

2 アミノ酸の分離実験

暗記POINT

ex. 次の3種のアミノ酸を分離する。
グリシン Gly ……………中性アミノ酸
アスパラギン酸 Asp ……酸性アミノ酸
リシン Lys ………………塩基性アミノ酸

① アミノ酸の電気泳動(pH6のとき)

$\oplus$ ← Asp$^-$ Gly^{+-} Lys$^+$ → $\ominus$
          　　　　　動かない

② 陽イオンの状態(酸性)で陽イオン交換樹脂に吸着させ,徐々に塩基性にしていく。流出する順番は,
(はじめ) Asp ⟶ Gly ⟶ Lys (終わり)

説明① 前ページにならって,各アミノ酸のイオン状態をまとめると,

pH	1	2〜3	6	9〜10	11
	Gly$^+$		Gly^{+-}		Gly$^-$
			双性イオン,等電点ほぼ中性		
Asp$^+$	Asp^{+-}	Asp$^-$		Asp^{2-}	
	双性イオン,等電点酸性				
Lys^{2+}		Lys$^+$	Lys^{+-}	Lys$^-$	
			双性イオン,等電点塩基性		

中性付近ではすべて電離している。酸性アミノ酸のAspは -COO$^-$ が2つ,-NH$_3^+$ が1つで,1価の陰イオンとなっている。よって,等電点は酸性に偏る。

pH6の縦を見比べ,反対符号に向かって移動することを考えて答えを出す。

説明② 陽イオン交換樹脂は(参p.116)。陽イオンから双性イオンになったとき(等電点になると)樹脂から流出する。

3 タンパク質の構造

暗記POINT

①

```
H-N-CH-C-O-H      H-N-CH-C-O-H
  |  |  ||          |  |  ||
  H  R  O           H  R' O
```
アミノ酸①　　　　　　アミノ酸②

ペプチド結合

縮合→
```
H-N-CH-C-N-CH-C-O-H + H₂O
  |  |  || |  |  ||
  H  R  O H  R' O
```
ジペプチド

$$\begin{pmatrix} \bigcirc-\bigcirc & \bigcirc-\bigcirc-\bigcirc & \bigcirc-\bigcirc-\bigcirc-\bigcirc \\ \text{ジペプチド} & \text{トリペプチド} & \text{テトラペプチド} \end{pmatrix}$$

　　○─○─○─○…─○　　ポリペプチド（タンパク質）

　　加水分解 ↓↑ 縮合重合
　　○　○　○　…　○

タンパク質の<u>一</u>次構造：アミノ酸の配列順序

② タンパク質の<u>二</u>次構造
　：ペプチド結合間で〉C=O…H-N〈のような<u>水素</u>結合がはたらくことでできる部分的な立体構造。

- <u>α-ヘリックス</u>構造（らせん状）
- <u>β-シート</u>構造（波板状）

③
- <u>単純</u>タンパク質：アミノ酸だけからなる。
- <u>複合</u>タンパク質：アミノ酸以外の成分（糖，リン酸，色素など）を含む。

説明1 アミノ基の残った末端をN末端，カルボキシ基の残った末端をC末端といい，ペプチドはN末端を左に，C末端を右に書くことが多い。

説明2

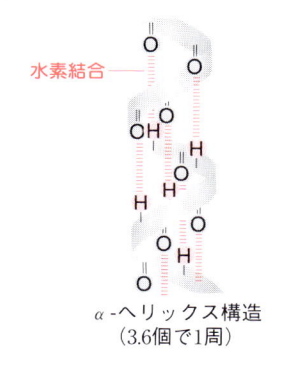

水素結合

α-ヘリックス構造
(3.6個で1周)

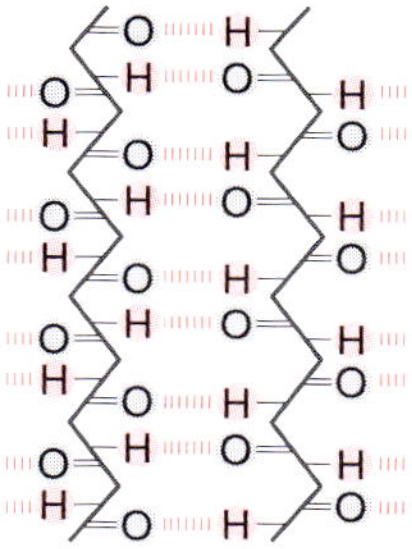

β-シート構造

タンパク質の三次構造：側鎖Rの相互作用によってできる構造。相互作用の種類には，右のようなものがある。

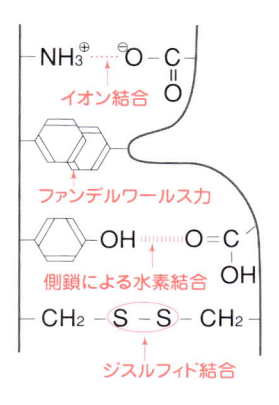

イオン結合

ファンデルワールス力

側鎖による水素結合

ジスルフィド結合

タンパク質の四次構造：三次構造(サブユニット)が集合してできた立体構造。

二次〜四次構造を高次構造という。

説明3 単純タンパク質は，
{ 球状のもの(アルブミン，グロブリンなど)
{ 繊維状のもの(ケラチン，コラーゲン，フィブロインなど)
に分けられる。

複合タンパク質には，カゼイン(＋リン酸，牛乳中)，ヘモグロビン(＋色素，赤血球中)などがある。

4 タンパク質の検出反応

暗記POINT

① ビウレット反応

塩基性で硫酸銅(II)水溶液を加える。

→ 2つ以上のペプチド結合をもつと赤紫色に呈色。

タンパク質のほか,トリペプチド以上のペプチド

② キサントプロテイン反応

硝酸を加え,加熱。(その後NH₃水を加える。)

→ ベンゼン環を含むと,黄色に呈色。
(NH₃水を加えると橙黄色)

タンパク質のほか,フェニルアラニン,チロシン

③ 硫黄反応

NaOH(固)+加熱,中和後,酢酸鉛(II)水溶液を加える。

→ 硫黄を含むと,黒色に呈色。

タンパク質のほか,システイン,メチオニン

④ ニンヒドリン反応

ニンヒドリンの水溶液を加え,煮沸する。

→ アミノ酸があると,紫色に呈色。

タンパク質のほか,アミノ酸

説明① 銅(II)イオンと錯イオンを形成するから。
紫=バイオレット(正確な語源は違う)

説明② ベンゼン環がニトロ化されるから。
キサント プロテイン
　黄　　　タンパク質

説明③ 遊離した硫黄がPb^{2+}と反応し,硫化鉛(II) PbSの黒色沈殿が生じるから。

説明④ 末端部や側鎖のNH_2が原因。

5 タンパク質の反応

> ### 暗記POINT
>
> **1** タンパク質の変性
>
> 熱，強酸・強塩基，有機溶媒(アルコール)，重金属イオンのどれかを加える。
> ➡ タンパク質が凝固，沈殿する。
>
> **2** 加水分解
>
> 強酸(または強塩基)を加えて加熱。
> ➡ 構成アミノ酸に分かれる。
>
> **3** 塩析
>
> 多量の電解質を加える。
> ➡ タンパク質が沈殿する。

説明1 タンパク質の立体構造(高次構造)をつかさどる水素結合などが切れるから。タンパク質の機能が失われ(失活)，元に戻らなくなる。

ex. ゆで卵，アルコール消毒

説明2 **1**は，加水分解の途中で起こる反応。
酵素を用いて特定のペプチド結合だけを切ることもある。

説明3 タンパク質は親水コロイドであるので，多量の電解質を加えると水和していた水分子が取られ，分子間力によって沈殿する。

(参考)

卵白は20種のアミノ酸をすべて含んでいる。

ゼラチンはコラーゲンを熱処理したもので，すでに変性している。また，ベンゼン環をもつアミノ酸や硫黄をもつアミノ酸が少ない。

2 有機化合物と人間生活

❶ 栄養素

1 栄養素

暗記POINT

炭水化物：体内で単糖類に分解される
油脂：体内で脂肪酸とグリセリンに分解される
タンパク質：体内でアミノ酸に分解される
ミネラル：Ca, Mg, Fe, Zn, P, K, Na などの無機物
ビタミン：体内では合成できない有機物

	三大栄養素			
炭水化物	油脂(脂質)	タンパク質	ミネラル(無機質)	ビタミン
エネルギー源			筋肉、内臓、皮膚、毛髪など	
細胞膜 ← 身体組織の構成			→ 骨や歯	
酵素、ホルモン ←		生理作用の調節		

次の一問一答で重要ポイントをおさえよう。

① 肝臓や筋肉に貯蔵される多糖類。 → グリコーゲン
② 善玉・悪玉があり、とりすぎると動脈硬化の原因になる。 → コレステロール
③ 胃液にあり、タンパク質を分解する酵素。 → ペプシン
④ ヘモグロビン中にある無機物で、欠乏すると貧血の症状を起こす。 → 鉄
⑤ 視力の調節を行うビタミンで、欠乏すると夜盲症の症状を起こす。 → ビタミンA
⑥ 骨や歯を発達促進するビタミンで、欠乏するとくる病の症状を起こす。 → ビタミンD
⑦ 糖質などの代謝を促すビタミンで、欠乏すると脚気の症状を起こす。 → ビタミンB（複合体）
⑧ 抗酸化作用、コラーゲンを合成するビタミンで、欠乏すると壊血病の症状を起こす。 → ビタミンC

❷ 繊維

1 繊維の分類

> **暗記POINT**
>
> **1 天然繊維**
> ❶ 植物繊維：主成分は<u>セルロース</u>
>   ex. <u>綿</u>，麻
> ❷ 動物繊維：主成分は<u>タンパク質</u>
>   ex. 羊毛，<u>絹</u>
>
> **2 化学繊維**
> ❶ 再生繊維，半合成繊維：主成分は<u>セルロース</u>
>   ex. <u>レーヨン</u>（再生繊維），<u>アセテート</u>（半合成繊維）
> ❷ 合成繊維：石油から得る低分子化合物が原料
>   ex. ナイロン（ポリ<u>アミド</u>），ポリ<u>エステル</u>，<u>アクリル</u>繊維，ビニロン

日本での繊維の生産量は，およそ合成繊維60％，天然繊維30％，その他10％である。

説明 1 ❶ OH基をもつので，吸湿性・吸水性に富む。洗濯に強いがシワになりやすい。

　　綿は肌触りがよく，衣類全般に利用される。麻は熱伝導・発散性に優れるので，清涼感がある。

❷ 羊毛はケラチン，絹はフィブロインというタンパク質をもつ。親水基をもつので，吸湿性に富む。洗濯が難しい。また，虫・薬品・光に弱い。

　　羊毛は縮れにより保温性が高い。また，キューティクルが水滴をはじく。絹は繊維断面が三角形なので，独特の光沢・手触りがある。

2 再生繊維と半合成繊維

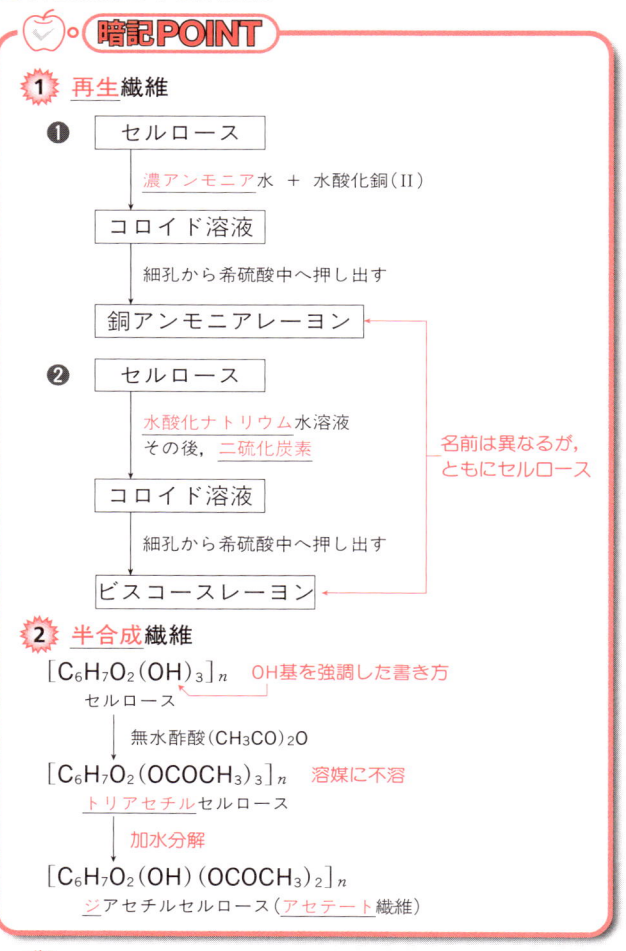

暗記POINT

1 再生繊維

❶ セルロース
  ↓ 濃アンモニア水 + 水酸化銅(Ⅱ)
コロイド溶液
  ↓ 細孔から希硫酸中へ押し出す
銅アンモニアレーヨン

❷ セルロース
  ↓ 水酸化ナトリウム水溶液
  　その後，二硫化炭素
コロイド溶液
  ↓ 細孔から希硫酸中へ押し出す
ビスコースレーヨン

名前は異なるが，ともにセルロース

2 半合成繊維

$[C_6H_7O_2(OH)_3]_n$ 　OH基を強調した書き方
セルロース
  ↓ 無水酢酸 $(CH_3CO)_2O$
$[C_6H_7O_2(OCOCH_3)_3]_n$ 　溶媒に不溶
トリアセチルセルロース
  ↓ 加水分解
$[C_6H_7O_2(OH)(OCOCH_3)_2]_n$
ジアセチルセルロース(アセテート繊維)

説明 1 コットンリンター(→❶)や木材パルプ(→❷)はいったん溶かして，衣料用の繊維に再生する。セルロースは熱水にも溶けない安定な物質だが，塩基＋α

の試薬でコロイド溶液にすると溶ける。

　再生繊維は美しい光沢から，レーヨン(フランス語で光＝rayon)とよばれる。吸湿性・吸水性が高いため静電気が発生しにくい。染色性が良い。水洗いで縮みやすい。また摩擦にも弱い。

❶ 別名をキュプラという。繊維断面が円形で滑りが良い。裏地に利用される。

❷ 途中のコロイド溶液をビスコースという。ドレープ(布のたるみ具合)に優れ，美しいシルエットが表現できる。

　　膜状にしたものがセロハンである。

説明 2　セルロースのもつOHが，部分的に変化しているので，半合成繊維という。

　絹に近い光沢で滑らかな感触がある。美しいドレープ，熱可塑性によるプリーツ(折りひだ)加工ができる。

　引っ張り・アルカリに弱い。除光液(アセトン)に溶けるので，よそゆきの服を着てマニキュアをとったりしないこと。

(参考)

　　衣類にはならないが，セルロースに混酸を加えると，トリニトロセルロースができる。
　　　　↑無煙火薬の原料，セルロイド

ニトロ化合物（C)-NO₂ではなく硝酸エステル⤵

$[C_6H_7O_2(OH)_3]_n \xrightarrow{混酸} [C_6H_7O_2(ONO_2)_3]_n$
　　セルロース　　　　　　　　トリニトロセルロース

3 合成繊維(その1)

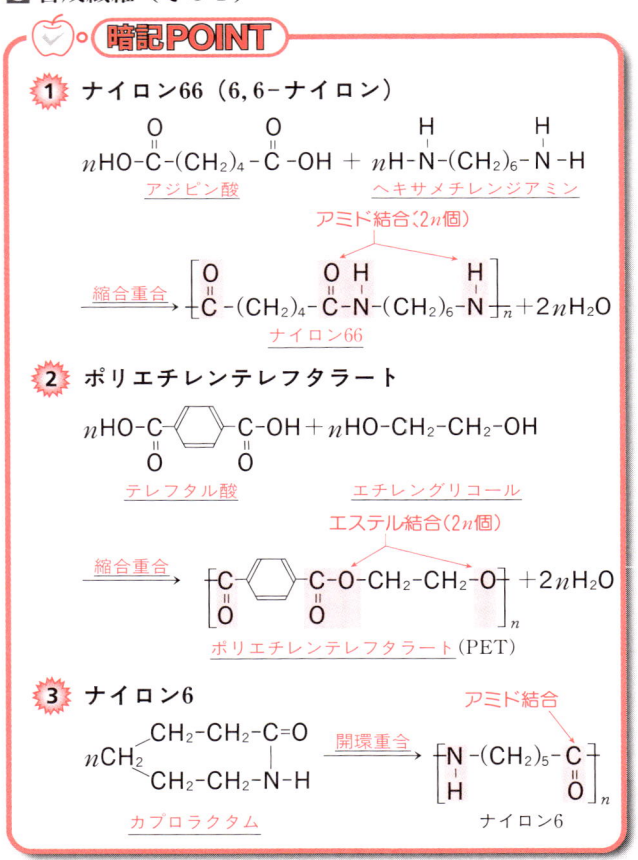

暗記POINT

1 ナイロン66(6,6-ナイロン)

$$n\text{HO-C(=O)-(CH}_2)_4\text{-C(=O)-OH} + n\text{H-N(H)-(CH}_2)_6\text{-N(H)-H}$$

アジピン酸 　　　　　　　　　ヘキサメチレンジアミン

アミド結合(2n個)

$$\xrightarrow{\text{縮合重合}} \left[\text{C(=O)-(CH}_2)_4\text{-C(=O)-N(H)-(CH}_2)_6\text{-N(H)} \right]_n + 2n\text{H}_2\text{O}$$

ナイロン66

2 ポリエチレンテレフタラート

$$n\text{HO-C(=O)-C}_6\text{H}_4\text{-C(=O)-OH} + n\text{HO-CH}_2\text{-CH}_2\text{-OH}$$

テレフタル酸 　　　　　　　　　エチレングリコール

エステル結合(2n個)

$$\xrightarrow{\text{縮合重合}} \left[\text{C(=O)-C}_6\text{H}_4\text{-C(=O)-O-CH}_2\text{-CH}_2\text{-O} \right]_n + 2n\text{H}_2\text{O}$$

ポリエチレンテレフタラート(PET)

3 ナイロン6

$$n\begin{matrix}\text{CH}_2\text{-CH}_2\text{-C=O}\\ \text{CH}_2\\ \text{CH}_2\text{-CH}_2\text{-N-H}\end{matrix} \xrightarrow{\text{開環重合}} \left[\text{N(H)-(CH}_2)_5\text{-C(=O)} \right]_n$$

カプロラクタム　　　　　　　　　　　　　　アミド結合　　ナイロン6

原料の名称,重合法,そして構造式がポイント!

説明1 ヘキサ　メチレン　ジ　アミン
　　　　　　6　　　CH_2　　2　　NH_2

「6,6」の部分はそれぞれ、「(ジアミンの炭素数),(ジカルボン酸の炭素数)」を示す。

絹に似た世界初の合成繊維で、カロザース(米)が初めて合成した。ストッキングなどに利用される。

(参考)

ナイロン66のような脂肪族ポリアミド系繊維を<u>ナイロン</u>というのに対し、芳香族ポリアミド系繊維を<u>アラミド繊維</u>という。

$$n\text{Cl}-\underset{\underset{\text{O}}{\|}}{\text{C}}-\text{C}_6\text{H}_4-\underset{\underset{\text{O}}{\|}}{\text{C}}-\text{Cl} + n\text{H}-\underset{\underset{\text{H}}{|}}{\text{N}}-\text{C}_6\text{H}_4-\underset{\underset{\text{H}}{|}}{\text{N}}-\text{H}$$

テレフタル酸ジクロリド　　　　p-フェニレンジアミン

アミド結合

$$\xrightarrow{\text{縮合重合}} \left[\underset{\underset{\text{O}}{\|}}{\text{C}}-\text{C}_6\text{H}_4-\underset{\underset{\text{O}}{\|}}{\text{C}}-\underset{\underset{\text{H}}{|}}{\text{N}}-\text{C}_6\text{H}_4-\underset{\underset{\text{H}}{|}}{\text{N}}\right]_n + 2n\text{HCl}$$

p-フェニレンテレフタルアミド(<u>ケブラー</u>)

高強度、高弾性、耐熱性で、防弾チョッキや消防服などに利用される。

説明2 脂肪族どうしのポリエステルでは強度に劣るので、テレフタル酸を用いる。

吸湿性、染色性は悪いが、型くずれしにくい。下着以外の衣料の他、PETボトルとして利用される。

説明3 生成した高分子化合物をみるとポリアミド、つまりナイロンであるが、環状のアミド結合が開環して重合するのが特徴。

環状アミド結合をもつものをラクタムという。

4 合成繊維（その2）

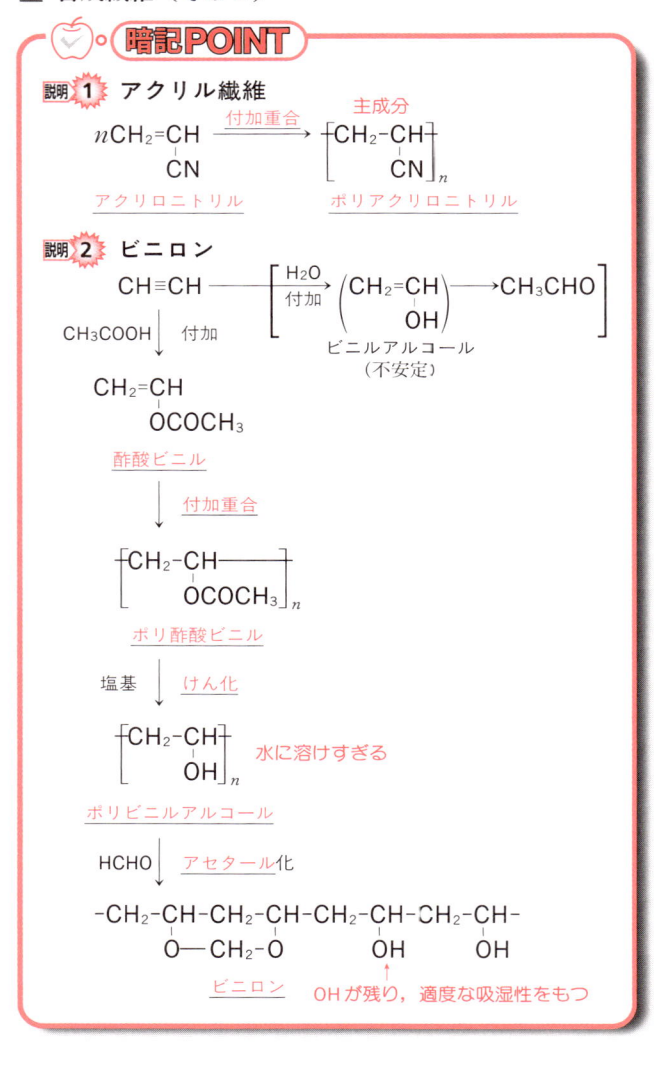

暗記POINT

説明1 アクリル繊維

$$n\text{CH}_2=\text{CH} \xrightarrow{\text{付加重合}} \left[\text{CH}_2-\text{CH}\right]_n$$
$$\quad\quad\text{CN} \quad\quad\quad\quad\quad\quad\quad\quad \text{CN}$$

アクリロニトリル　　　　　ポリアクリロニトリル（主成分）

説明2 ビニロン

$$\text{CH}\equiv\text{CH} \longrightarrow \left[\xrightarrow{\text{H}_2\text{O 付加}} \left(\begin{array}{c}\text{CH}_2=\text{CH}\\ \text{OH}\end{array}\right) \rightarrow \text{CH}_3\text{CHO}\right]$$

ビニルアルコール（不安定）

CH_3COOH ↓ 付加

$$\text{CH}_2=\text{CH}$$
$$\quad\quad\text{OCOCH}_3$$

酢酸ビニル

↓ 付加重合

$$\left[\text{CH}_2-\text{CH}\right]_n$$
$$\quad\quad\text{OCOCH}_3$$

ポリ酢酸ビニル

塩基 ↓ けん化

$$\left[\text{CH}_2-\text{CH}\right]_n$$
$$\quad\quad\text{OH}$$

水に溶けすぎる

ポリビニルアルコール

HCHO ↓ アセタール化

$$-\text{CH}_2-\text{CH}-\text{CH}_2-\text{CH}-\text{CH}_2-\text{CH}-\text{CH}_2-\text{CH}-$$
$$\quad\quad\quad\text{O}-\text{CH}_2-\text{O}\quad\quad\quad\quad\text{OH}\quad\quad\quad\text{OH}$$

ビニロン　　OHが残り，適度な吸湿性をもつ

説明 1 肌ざわりが羊毛に似ていて、保温性に優れる。毛布などに利用される。

2種類以上の単量体を混ぜて重合を行うことを<u>共重合</u>という。アクリロニトリルに次の物質などを共重合させたものをアクリル系繊維という。

$$CH_2=CH \atop OCOCH_3 \qquad CH_2=CH \atop COOCH_3$$

酢酸ビニル　　　　アクリル酸メチル

構造異性体

（参考）

アクリル繊維を希ガス中で高温処理すると、<u>炭素繊維</u>ができる。

炭素繊維

高強度、高弾性、耐熱性で、釣り竿やゴルフクラブに利用される。

説明 2 適度な吸湿性があり、感触が綿に似ている。漁網や作業着、テントに利用される。

ビニルアルコールを直接付加重合してポリビニルアルコールを作ることができないため、酢酸ビニルを付加重合、けん化して合成する。

OH基を減らすため、ホルムアルデヒドと反応させてアセタール（同一炭素に2つのエーテル結合）にする。

$$\boxed{\text{O-H} \quad \text{O} \quad \text{H-O}} \longrightarrow \text{O-CH}_2\text{-O} + H_2O$$
$$H\text{-C-H} \qquad \rightarrow H_2O$$

(参考) **5 染料と洗剤**

暗記POINT

1 天然染料：天然の材料から得られる染料

❶ 植物染料

　ex. 藍(アイ)の葉からインジゴ(青色)
　　　茜(アカネ)の根からアリザリン(赤色)

❷ 動物染料

　ex. コチニール虫からカルミニン酸(深紅色)
　　　貝紫(カイムラサキ)からジブロモインジゴ
　　　　　　　　　　　　　　　　　(紫色)

2 合成染料：石油を原料として化学的に合成される染料

❶ 初めて合成されたのは，モーブ(モーベイン，紫色)である。

❷ アゾ染料

　ex. p-フェニルアゾフェノール，オレンジⅡ

3 染色は，繊維の非結晶(非晶)部分で行われる。

4 染色法による染料の分類

　ex. 建染め染料

　：インジゴを還元して水溶性にする(無色)。布に浸み込ませた後，空気による酸化でもとのインジゴ(青色)にもどす。

説明3 主な結合は次ページに示す通り。

例えばオレンジⅡは酸性染料(⊖に帯電)で，絹，羊毛，ナイロンの染色に適する。これらの繊維は⊕や⊖の電荷を帯びている部分があるためで，⊖の電荷を帯びているアクリルや，電荷を帯びていないポリエステルには染色しない。

2 有機化合物と人間生活 ● 111

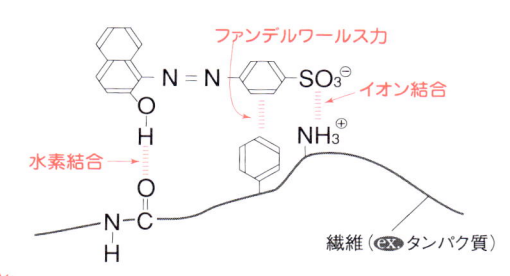

ファンデルワールス力
イオン結合
水素結合
繊維（ex タンパク質）

説明 4 染色法による分類

直接染料：水溶性。分子間力で結合するため、色落ちしやすい。綿やレーヨンの染色に適する。

建染め染料：暗記POINT 参照。綿やレーヨンの染色に適する。

酸性染料(塩基性染料)：水溶性。酸性染料は繊維の塩基性を示す部分と、塩基性染料は繊維の酸性を示す部分とイオン結合して染色する（上図参照）。塩基性染料はアクリルの染色に適する。

媒染染料：酸性染料と同じ方法で染着後、金属イオンと配位結合して染色する。金属イオンにより色調が変わる。
　アリザリンをはじめ、天然染料のほとんどがこの染料である。絹、羊毛、ナイロンの染色に適する。

分散染料：水に不溶。界面活性剤で水に分散させて染色する。合成繊維やアセテートの染色に適する。

洗剤は 参 p.57

❸ 材料の化学

1 合成樹脂（その1）

暗記POINT

合成樹脂：プラスチックともいう。
任意の形に成型できる合成高分子化合物。合成繊維で扱った高分子化合物は，作り方しだいで合成樹脂にもなる。

① $n\begin{matrix} H & H \\ C=C \\ H & X \end{matrix} \xrightarrow{付加重合} \begin{bmatrix} H & H \\ -C-C- \\ H & X \end{bmatrix}_n$

- ❶ エチレン ⟶ ポリエチレン(PE)
  X=H
- ❷ プロピレン ⟶ ポリプロピレン(PP)
  X=CH_3
- ❸ 塩化ビニル ⟶ ポリ塩化ビニル(PVC)
  X=Cl
- ❹ 酢酸ビニル ⟶ ポリ酢酸ビニル(PVA)
  X=$OCOCH_3$
- ❺ スチレン ⟶ ポリスチレン(PS)
  X=C_6H_5（ベンゼン環）

② $n\begin{matrix} H & CH_3 \\ C=C \\ H & COOCH_3 \end{matrix} \xrightarrow{付加重合} \begin{bmatrix} H & CH_3 \\ -C-C- \\ H & COOCH_3 \end{bmatrix}_n$

メタクリル酸メチル　　　ポリメタクリル酸メチル

③ ❶ $\begin{bmatrix} H & Cl \\ -C-C- \\ H & Cl \end{bmatrix}_n$　❷ $\begin{bmatrix} F & F \\ -C-C- \\ F & F \end{bmatrix}_n$

ポリ塩化ビニリデン　　テフロン
　　　　　　　　　（ポリテトラフルオロエチレン）

説明 1 ❶ 袋, 容器, 電気絶縁材料などの用途がある。

低密度ポリエチレン(LDPE)	高密度ポリエチレン(HDPE)
結晶部分が少ない。透明で軟らかい。	結晶部分が多い。乳白色で硬い。

❷ PEに似た性質と用途がある。

❸ PEに比べ密度が大きく, 硬い。燃焼で塩素ガスを発生する。電線の被覆や消しゴム(軟質, 可塑剤を加える), 水道管(硬質)などの用途がある。

❹ $OCOCH_3$ がかさばるので軟化点が低く, 成型品にはならない。水に不溶。塗料, 木工用ボンド, ビニロンの原料, ガムベースなどの用途がある。

❺ PEに比べ硬く透明性が高いがもろい。容器, 断熱材(発泡ポリスチレン)などの用途がある。レモンの汁(リモネン)に溶ける。

説明 2 アクリル樹脂(またはメタクリル樹脂)ともいう。
(アクリル繊維とは異なる。参 p.108)

$$CH_2=CH \atop COOH$$
アクリル酸

$$CH_2=CH \atop COOCH_3$$
アクリル酸メチル

有機ガラスや透明板などの用途がある。

説明 3 ❶ 食品用ラップなどの用途がある。

❷ フッ素樹脂ともいう。耐熱性, 耐薬品性に優れ, 不燃性で, 摩擦係数が最小である。水も油もはじくので, フライパンの表面, 理化学器具, 防水剤としての用途がある。

2 合成樹脂（その2）

暗記POINT

①
- <u>熱可塑</u>性樹脂：加熱すると軟らかくなる。
  <u>鎖</u>状構造の高分子化合物
- <u>熱硬化</u>性樹脂：一度硬化すると再び軟化はしない（可塑性なし）。
  <u>立体網目</u>状の高分子化合物

② フェノール樹脂

フェノール＋ホルムアルデヒド

$\xrightarrow{\text{付加縮合}}$ フェノール樹脂

③ 尿素樹脂

<u>尿素</u>＋ホルムアルデヒド

$\xrightarrow{\text{付加縮合}}$ 尿素樹脂

④ メラミン樹脂

メラミン＋ホルムアルデヒド

$\xrightarrow{\text{付加縮合}}$ メラミン樹脂

説明 ① 熱可塑性樹脂は，この分野以前で扱った，[　　]$_n$ のような構造式で表される樹脂である。

熱硬化性樹脂は，付加縮合で合成する。反応する官能基を1分子あたり<u>3</u>つ以上もつ。ここで扱うフェノール樹脂などが代表例である。

熱可塑性樹脂は，チョコレートのようなイメージ。
熱硬化性樹脂は，クッキーのようなイメージ。

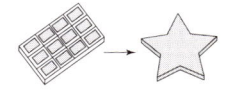

熱を加えると融け，冷やすと固まる。

一度熱を加えて固めた後は，再加熱しても元にもどらない。

2 有機化合物と人間生活 ● 115

説明 2 初めて合成された合成樹脂である。プリント配線板，電気絶縁材料の用途がある。

[フェノール + ホルムアルデヒド → 付加縮合 → フェノール樹脂の構造式]

説明 3 雑貨，ボタン，電気器具などの用途がある。

[尿素 + ホルムアルデヒド → …]

説明 4 家具，化粧板，実験室の机などの用途がある。

[メラミン + ホルムアルデヒド → …]

（参考）

　上の **3**，**4** はアミノ基が関係する樹脂。

　熱硬化性樹脂にはその他，多価カルボン酸と多価アルコールを縮合重合させ，エステル結合でつながるアルキド樹脂（**ex.** グリプタル樹脂），Si-O-Si が関係するシリコーン樹脂などがある。

3 イオン交換樹脂などの機能性樹脂

暗記POINT

1 陽イオン交換樹脂

例えば、陽イオン交換樹脂にNaClaqを注ぐと、陽イオンが交換されて<u>HCl</u>aqが流出する。

$$-SO_3^-H^+ + Na^+ \longrightarrow -SO_3^-Na^+ + H^+$$

ex. $[-CH-CH_2-]_n$ ベンゼン環にSO_3H

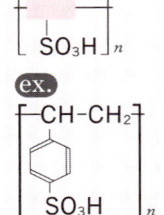

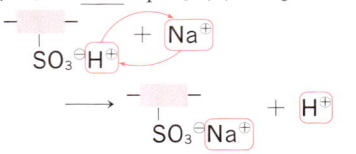

この反応は可逆反応で、HClaqを注ぐと、元の樹脂にもどる。

2 陰イオン交換樹脂

例えば、陰イオン交換樹脂にNaClaqを注ぐと、陰イオンが交換されて<u>NaOH</u>aqが流出する。

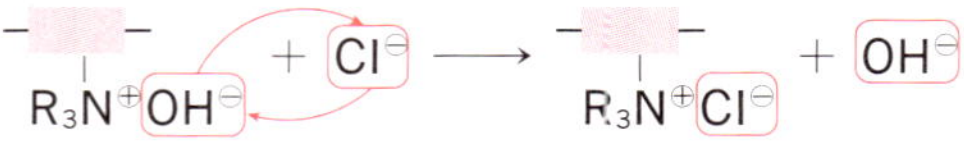

$$-R_3N^+OH^- + Cl^- \longrightarrow -R_3N^+Cl^- + OH^-$$

3 用途

海水や硬水、重金属イオンの水溶液を脱イオン水にする。 ex. 海水

$$Na^+Cl^-aq \rightarrow \underset{\text{陽イオン交換樹脂}}{H^+Cl^-aq} \rightarrow \underset{\text{陰イオン交換樹脂}}{H^+OH^-(H_2O)}$$

説明1 スチレンとp-ジビニルベンゼンの<u>共重合</u>体を<u>スルホン</u>化して合成する。

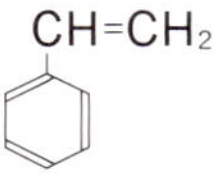

スチレン 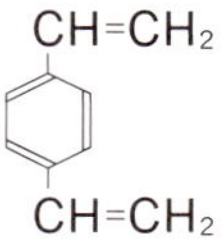　　　p-ジビニルベンゼン

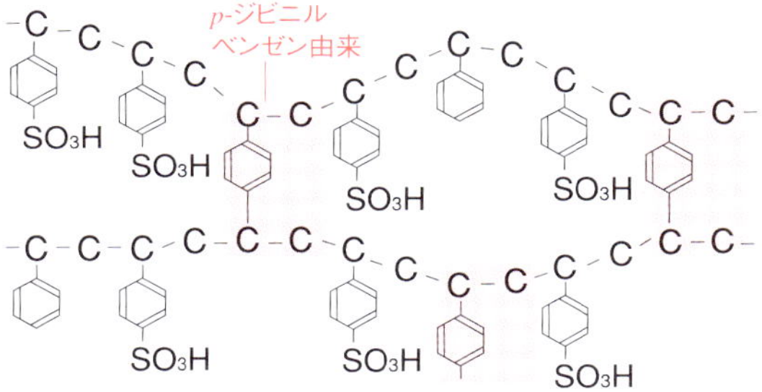

(図中: p-ジビニルベンゼン由来、SO₃H 基を持つベンゼン環の構造式)

説明3 溶液中の陽イオンの量を知りたいとき，陽イオンを交換してH^+にすれば，中和滴定ができる。

例題

塩化カルシウムの水溶液30mLを，陽イオン交換樹脂をつめたガラス管に通じ，すべてをイオン交換させた。流出液を0.010mol/L水酸化ナトリウム水溶液で滴定したところ，50mLを要した。もとの溶液30mL中のカルシウムイオンの物質量を求めよ。

● 解説

1 molのCa^{2+}が2 molのH^+とイオン交換される。求める物質量をx〔mol〕とおくと，中和の公式より，

$$x \times 2 = 1 \times 0.010 \times \frac{50}{1000} \quad よって，x = 2.5 \times 10^{-4} \text{〔mol〕}$$

（参考）

ポリ乳酸は生分解性プラスチックとして知られている。乳酸を縮合重合した構造だが，実際は開環重合で合成する。

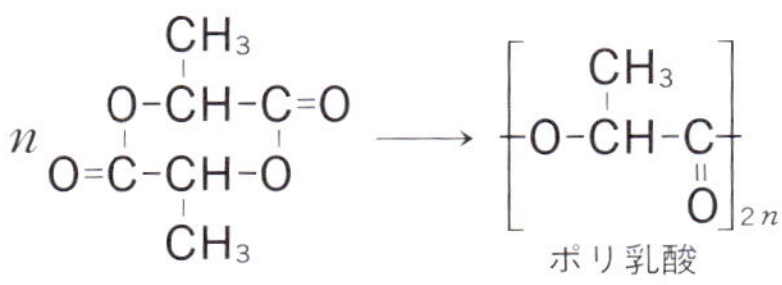

(構造式: ラクチド → ポリ乳酸)

4 ゴム

暗記POINT

1 天然ゴム

ゴムの木の樹液 $\xrightarrow{酢酸}$ 生ゴム $\xrightarrow[]{\text{硫黄}\,(加硫)}$ 弾性ゴム
(ラテックス) (天然ゴム)

生ゴムはイソプレンが付加重合した構造。
← 生ゴムを熱分解すると生じる。

$$n\mathrm{CH_2=C-CH=CH_2} \longrightarrow \left[\begin{array}{cc}\mathrm{CH_2} & \mathrm{CH_2}\\ \mathrm{C=C} & \\ \mathrm{CH_3} & \mathrm{H}\end{array}\right]_n$$
　　　　　CH₃
　　　イソプレン　　　　　　　ポリイソプレン

二重結合の位置が変わっていること，シス形なことに注意！

2 合成ゴム

❶ $n\mathrm{CH_2=C-CH=CH_2} \xrightarrow{付加重合} \left[\begin{array}{cc}\mathrm{CH_2} & \mathrm{CH_2}\\ \mathrm{C=C} & \\ \mathrm{Cl} & \mathrm{H}\end{array}\right]_n$
　　　　Cl
　　クロロプレン　　　　　　　　ポリクロロプレン

$n\mathrm{CH_2=CH-CH-CH=CH_2} \xrightarrow{付加重合} \left[\begin{array}{cc}\mathrm{CH_2} & \mathrm{CH_2}\\ \mathrm{C=C} & \\ \mathrm{H} & \mathrm{H}\end{array}\right]_n$
　　ブタジエン　　　　　　　　　ポリブタジエン

❷ ブタジエンとの共重合体

スチレン ＋ ブタジエン
$\xrightarrow{共重合}$ スチレン-ブタジエンゴム

アクリロニトリル ＋ ブタジエン
$\xrightarrow{共重合}$ アクリロニトリル-ブタジエンゴム

説明 1 ラテックスはタンパク質に保護されたコロイドで，酢酸のような有機酸を加えると凝固する。

トランス形のポリイソプレンはグタペルカとよばれる。分子がまっすぐ整っているため結晶化しやすい。電気絶縁体などに使われていた。

生ゴムに5〜8％の硫黄を加え加熱すると，鎖状のポリイソプレン分子のC=Cに硫黄原子が反応し，架橋(橋かけ)構造ができる。有機溶媒に不溶，軟化点も高くなり，化学的安定性がよくなる。

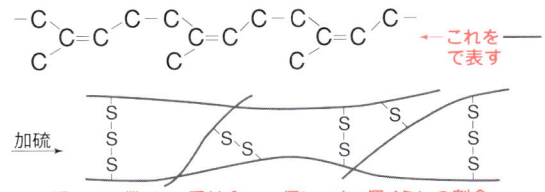

$$\begin{array}{c}-\underset{C}{\overset{C}{C}}-C=C-\underset{C}{\overset{C}{C}}-\underset{C}{\overset{C}{C}}-C=C-\underset{C}{\overset{C}{C}}-\underset{C}{\overset{C}{C}}-C=C-\underset{C}{\overset{C}{C}}-\end{array}$$ ← これを── で表す

加硫 →

橋かけの数は，二重結合100個につき1個くらいの割合

10〜20％で加硫すると，靴底に使われるような弾性の小さな皮革状物質ができる。

30〜40％で加硫すると，C=Cがほぼ完全に架橋され，エボナイトとよばれる硬い物質になる。

（参考）
　力を加えて変形させた後，
　①もとに戻る ➡ 弾性
　②もとに戻らない(変形する)
　　　　　　　➡ 塑性(展性・延性も含む)
　③破壊される ➡ 脆性

説明 2 軟化点が室温以下の高分子化合物を架橋すれば，必ずゴムになる。

❶ ポリクロロプレン（クロロプレンゴム，CR）は耐熱性，難燃性，耐候性などに優れる。野外での被覆材，機械のベルト，長靴などの用途がある。

ブタジエンは炭化水素の分類ではジエンに属する（2つのC=Cがある）。buta＝C_4なので，そこから構造式を書くのは比較的容易。

ブタジエンは，単独でポリブタジエン（ブタジエンゴム，BR）にすると軟らかすぎるので，合成ゴムの接着剤や他の単量体と共重合して利用する。

❷ スチレン-ブタジエンゴム（SBR）は，ベンゼン環が入ることで機械的強度が増す。タイヤや防振ゴム，靴底などの用途がある。

アクリロニトリル-ブタジエンゴム（NBR）は，-CNの強い極性が耐油性にあらわれる。石油ホース，印刷機のロールなどの用途がある。

（参考）
（その1）　ゴムの劣化はC=Cが酸化されることが原因である。したがって，Si-O-Siが関係するシリコーンゴムにはC=Cがないため，高度の耐久性をもつ。医療材料（人工血管），理化学器具などの用途がある。

```
            CH₃  CH₃  CH₃  CH₂
           -Si-O-Si-O-Si-O-Si-O-
            CH₃  CH₂  CH₃  CH₃
架橋          |
構造         CH₃  CH₂  CH₃  CH₃
           -Si-O-Si-O-Si-O-Si-O-
            CH₃  CH₃  CH₃  CH₂
```
シリコーンゴム

（その２） ナイロン66などは，モノマーA（○）とモノマーB（●）が必ず交互（AとBは等量）になる。このようなものはふつう共重合体とはよばない。

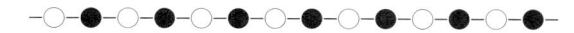

—○—●—○—●—○—●—○—●—○—●—○—●—

共重合体は単量体の割合や，合成法によって，性質を変えられる特徴がある。

① ランダム共重合体

　　AとBの中間の性質を示す。割合によって性質が連続的に変化する。

—○—●—○—●—○—○—●—●—○—●—○—

② ブロック共重合体

　　AとBの性質が両方現れる。

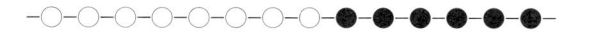

—○—○—○—○—○—○—●—●—●—●—●—●—

③ グラフト共重合体

　　プラスチック本体（A）の性質を変えずに，その表面の性質だけを変える。（グラフト＝接ぎ木）

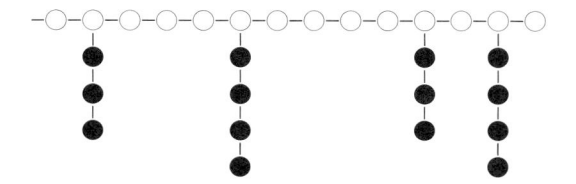

❹ 核酸

(参考) **1 生体の組成**

暗記POINT

1 生体の組織

	ヒト(男)〔%〕	平均的な細胞(乾燥)〔%〕
水	67	—
タンパク質	15	71 ←原形質や酵素
脂質	13	12 ←細胞膜
炭水化物	2	5
無機質	3 骨など	5(その他含む)
核酸	—	7 ←遺伝子の本体

2 水 〈生命をはぐくむ〉

❶ 極性溶媒 ←反応の場, 反応物になる
   流動性 ←輸送媒体
   表面張力が大きい ←毛細管現象で輸送(植物)
❷ 比熱が大きい ←温度変化を和らげる
   凝固熱が大きい ←凍結しにくい(魚など)
   蒸発熱が大きい ←汗による温度調節

説明 2 ❶ 血液は栄養素を溶かし, 体のすみずみに運ぶ。
表面張力:表面を小さくしようとする力

❷ 体内温度は, 生きるための反応を制御する。水のこれらの性質は, 水分子間で水素結合がはたらくことが大きな理由になる。

水は生活環境でも重要なはたらきをする。例えば, 「4°Cで密度が最大になる」という水の特異性により, 0°Cの氷が湖の表面に張っても, 4°Cの

水は底に沈んでいき，湖底では 4 ℃のまま，魚の安息地帯になる。

(参考) 生物学的機能によるタンパク質の分類

タンパク質	例
酵素 生体内ではたらく触媒 (参p.134)	トリプシン タンパク質分解酵素
輸送タンパク質	ヘモグロビン 血液中での酸素運搬
収縮性タンパク質	アクチン，ミオシン 筋肉の運動
防御性タンパク質	免疫グロブリン 免疫
ホルモン	インスリン グルコース代謝調節
構造タンパク質	ケラチン，コラーゲン 皮膚や毛　生体組織
貯蔵タンパク質	カゼイン 貯蔵，栄養源
情報タンパク質	ロドプシン 視覚タンパク質
毒素タンパク質	ボツリヌス菌毒素 生理機能に障害をおこす

2 細胞膜としてのリン脂質〈自他の境界〉

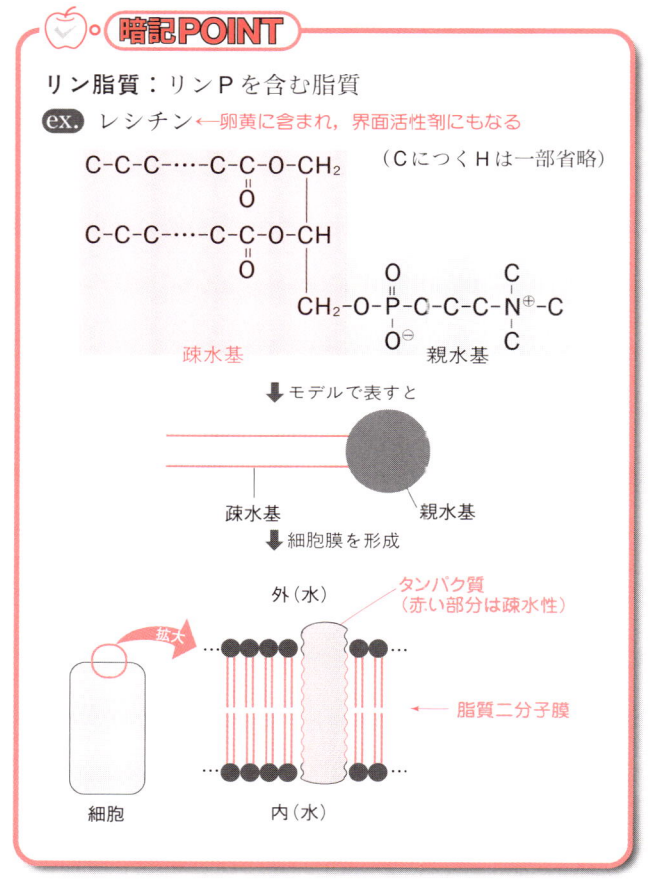

暗記POINT

リン脂質：リンPを含む脂質

ex. レシチン ← 卵黄に含まれ，界面活性剤にもなる

```
C-C-C-‥‥-C-C-O-CH₂         （CにつくHは一部省略）
              ‖
              O
C-C-C-‥‥-C-C-O-CH
              ‖
              O           O           C
              CH₂-O-P-O-C-C-C-N⁺-C
                    ‖           |
                    O⁻          C
  疎水基                          親水基
```

↓ モデルで表すと

疎水基　　親水基

↓ 細胞膜を形成

外（水）　タンパク質（赤い部分は疎水性）

拡大

細胞　　内（水）　　脂質二分子膜

レシチンはマヨネーズの乳化剤として利用される。

油脂（トリグリセリド）では親水基をもたないから，脂質二分子膜は形成できない。

脂質二分子膜にはタンパク質が挿入され，特定の物質を通過させたり，他の細胞を認識したりする。

3 核酸〈生物の設計図〉

暗記POINT

1 ヌクレオチド：リン酸＋糖＋塩基からなる物質

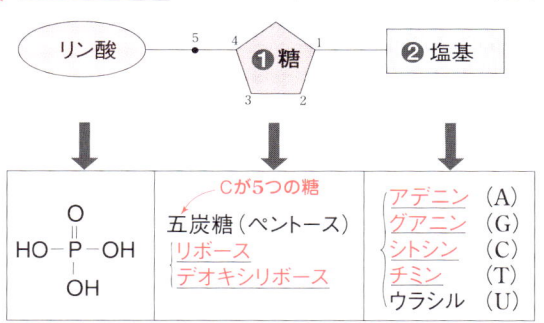

リン酸 — ❶糖 — ❷塩基

↓
$$HO-\underset{OH}{\overset{O}{P}}-OH$$

↓
Cが5つの糖
五炭糖（ペントース）
リボース
デオキシリボース

↓
アデニン（A）
グアニン（G）
シトシン（C）
チミン（T）
ウラシル（U）

2 核酸：ヌクレオチドを単位とする高分子化合物で，DNAとRNAがある。

名称	DNA	RNA
	(deoxyribonucleic acid) デオキシリボ核酸	(ribonucleic acid) リボ核酸
糖	デオキシリボース $C_5H_{10}O_4$	リボース $C_5H_{10}O_5$
塩基	A，G，C，T	A，G，C，U
ポリマー（鎖）	2本鎖(二重らせん構造)。AとT，GとCが水素結合をつくるため	ふつう1本鎖
分子量	$10^6 \sim 10^8$	$10^4 \sim 10^6$
はたらき	遺伝子の本体	タンパク質合成，代謝に関与

説明 1

❶ 五炭糖の構造

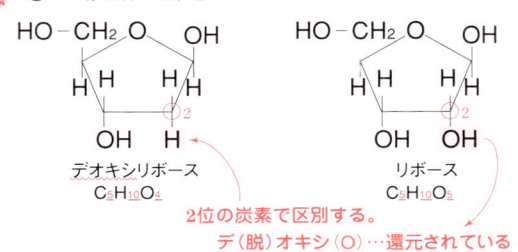

デオキシリボース $C_5H_{10}O_4$

リボース $C_5H_{10}O_5$

2位の炭素で区別する。
デ(脱)オキシ(O)…還元されている

❷ 塩基の構造

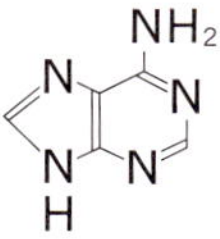

アデニン 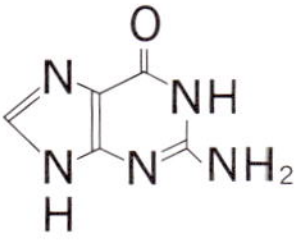　グアニン

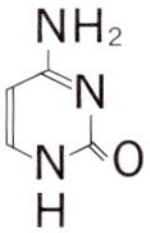

シトシン 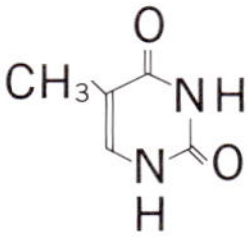　チミン 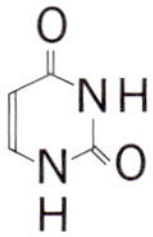　ウラシル

〈ヌクレオチドの構造〉

ex. 糖がデオキシリボース,塩基がアデニンの場合

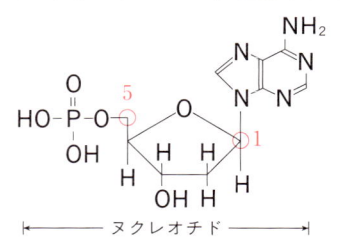

←─── ヌクレオチド ───→

糖の $\begin{cases} \underline{1}\text{位で塩基とグリコシド結合} \\ \underline{5}\text{位でリン酸とエステル結合} \end{cases}$

説明 2 糖の3位でリン酸とエステル結合することで，ポリヌクレオチドの鎖ができる。

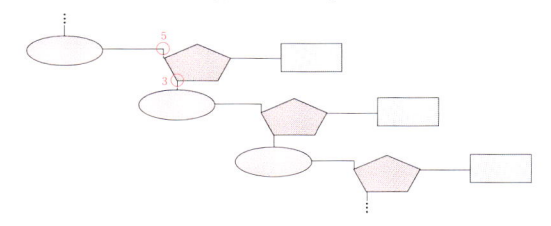

DNAの二重らせん構造が提唱された主な理由
① DNA全体でみると酸性である。
（核にある酸性物質で「核酸」と名づけられた。）
② DNA中の塩基の量関係(mol)が，A＝T，G＝Cである。
  ex. Aが20%あるとすると，
  G：30%，C：30%，T：20%となる。
③ X線回析により，らせん構造が発見された。塩基どうしが水素結合することでリン酸が外に向く。

アデニン ― チミン
グアニン ― シトシン
水素結合

❺ 酵素

(参考) **1 生体内の化学反応とエネルギー**

暗記POINT

1 代謝：生体内の化学反応

❶ **同化**：外界から取り入れた物質から，必要な物質に合成する反応

❷ **異化**：有機物を分解して，必要なエネルギーを得る反応

	過程	反応熱	例
同化	合成	吸熱	炭酸同化(光合成) 窒素同化
異化	分解	発熱	好気呼吸 嫌気呼吸

2 ATP（アデノシン三リン酸）〈エネルギー通貨〉
adenosine tri phosphate

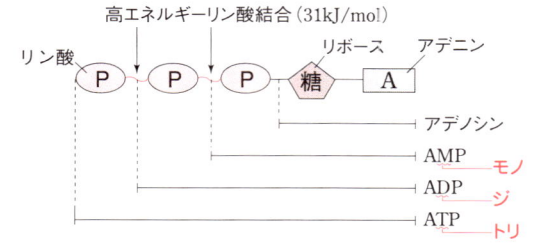

高エネルギーリン酸結合(31kJ/mol)

リン酸 — (P) ~ (P) ~ (P) — 糖(リボース) — A(アデニン)

- アデノシン
- AMP … モノ
- ADP … ジ
- ATP … トリ

加水分解するときにエネルギーを出す。

$$ATP + H_2O \longrightarrow ADP + H_3PO_4 + 31kJ$$

→ 発熱

2 有機化合物と人間生活 ● 129

説明1 ❶ 同化とエネルギー図

(エネルギーの流れ：ⓐ→ⓑ→ⓒ)

有機物（単糖類,アミノ酸など）
ⓒ 同化（吸熱）
ATP + H_2O
光 ⓐ ⓑ
ADP + H_3PO_4
無機物（CO_2,H_2O,NH_3 など）

❷ 異化とエネルギー図

(エネルギーの流れ：ⓐ→ⓑ→ⓒ)

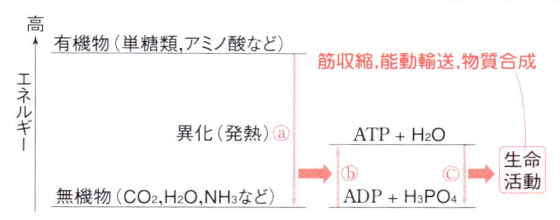

有機物（単糖類,アミノ酸など）
筋収縮,能動輸送,物質合成
異化（発熱）ⓐ
ATP + H_2O
ⓑ ⓒ 生命活動
無機物（CO_2,H_2O,NH_3 など）
ADP + H_3PO_4

説明2 1つのATPに高エネルギーリン酸結合が2つある。O原子の電子対が接近・反発しており、エネルギー的に高い状態にある。

HO−P(=O)(OH)−O−P(=O)(OH)−O−P(=O)(OH)−リボース−アデニン

HO−H

→ HO−P(=O)(OH)−OH HO−P(=O)(OH)−O−P(=O)(OH)−リボース−アデニン

⬇ 熱を発生

(参考) **2 同化**

暗記POINT

1 炭酸同化（光合成）

光エネルギーを利用し，CO_2 と H_2O から炭水化物（グルコースなど）を合成するはたらき

ex. $6CO_2 + 6H_2O + 2874kJ \longrightarrow C_6H_{12}O_6 + 6O_2$

↑ 吸熱
光エネルギー

2 窒素同化

無機窒素化合物から，有機窒素化合物を合成するはたらき

〈植物中〉
$NO_3^- \rightarrow NH_4^+ \rightarrow$ アミノ酸 → タンパク質など
　　　　　　有機酸

説明 1 $6CO_2 + 12H_2O \longrightarrow C_6H_{12}O_6 + 6H_2O + 6O_2$

左辺と右辺の水分子は異なる原子から成っているので，「生物」では H_2O を打ち消さない。

説明 2 植物は NO_3^- や NH_4^+ の形で根から吸収し，NO_3^- は植物細胞内で NH_4^+ に還元してから用いる。

（参考） NH_4^+ と有機酸の反応

NH_4^+ ⤵ グルタミン酸 ⤵ グルタミン酸
　　　　↘ グルタミン　　↘ ケトグルタル酸

その後，グルタミン酸はアミノ基転移酵素のはたらきでアミノ基を別の有機酸に転移し，各種アミノ酸が生成されていく。

（参考） 炭酸同化の形式

		生物群	炭素源	エネルギー源
独立栄養生物	光合成	植物 ❶光合成細菌	CO_2	光エネルギー
独立栄養生物	化学合成	❷化学合成細菌	CO_2	無機物の酸化による化学エネルギー
従属栄養生物★		動物，菌類 多くの細菌類	有機物	有機物の酸化による化学エネルギー

★本来は炭酸同化に含めない。

独立栄養生物：栄養源を無機物だけに依存している。炭酸同化を行う。

従属栄養生物：栄養源を体内に取り入れた有機物に依存している。

❶ 光合成細菌の光合成

$$6CO_2 + 12H_2S \xrightarrow{\text{光エネルギー}} C_6H_{12}O_6 + 6H_2O + 12S$$

CO_2の還元に必要なHはH_2OではなくH_2Sから得ているので，酸素の発生は見られない。

❷ 化学合成細菌の化学合成

光エネルギーではなく化学エネルギーを使う。土壌中や深海（太陽光なし）では生産者にあたる。

$$6CO_2 + 24[H] \xrightarrow{\text{化学エネルギー}} C_6H_{12}O_6 + 6H_2O$$

主に無機物を酸化したときに発生する熱

ex. $NH_4^+ \xrightarrow{\text{亜硝酸菌}} NO_2^- + Q\text{kJ}$

$NO_2^- \xrightarrow{\text{硝酸菌}} NO_3^- + Q'\text{kJ}$

(参考) **3 異化**

暗記POINT

1 好気呼吸：O_2 を必要とする呼吸 → 発熱
  ex. $C_6H_{12}O_6 + 6O_2 \longrightarrow 6CO_2 + 6H_2O + 2874kJ$

2 嫌気呼吸：O_2 を必要としない呼吸
  ❶ アルコール発酵(酵母菌)
    ex. $C_6H_{12}O_6 \xrightarrow{\text{酵素チマーゼ}} 2C_2H_5OH + 2CO_2 + 234kJ$
        エタノール
  ❷ 乳酸発酵
    ex. $C_6H_{12}O_6 \longrightarrow 2CH_3CH(OH)COOH + 196kJ$
        乳酸

説明1 $C_6H_{12}O_6 + 6O_2 \longrightarrow 6CO_2 + 6H_2O + 2874kJ$

発生したエネルギーで，1molの $C_6H_{12}O_6$ につき38molのATPが得られ，残りは熱として逃げる。
└─ 31kJで1mol

このとき，エネルギーをATPにたくわえる効率は，

$$\frac{38 \times 31}{2874} \times 100 = 41.0 (\%)$$

説明2 O_2 がないので，**1** より反応が不十分になる。

発生したエネルギーで，1molの $C_6H_{12}O_6$ につき2molのATPが得られ，残りは熱として逃げる。

アルコール発酵でエネルギーをATPにたくわえる効率は，

$$\frac{2 \times 31}{234} \times 100 = 26.5 (\%)$$

嫌気呼吸は菌類・細菌類がするものと思われやすいが，他の生物(ヒトも含む)も嫌気条件になれば行う。植物は主にアルコール発酵，動物は主に乳酸発酵(解糖)を行う。

2 有機化合物と人間生活 ● 133

（参考） 炭素循環と窒素循環

① 炭素循環

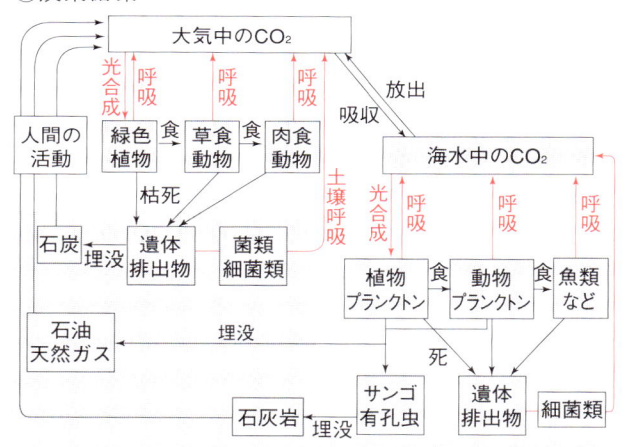

② 窒素循環

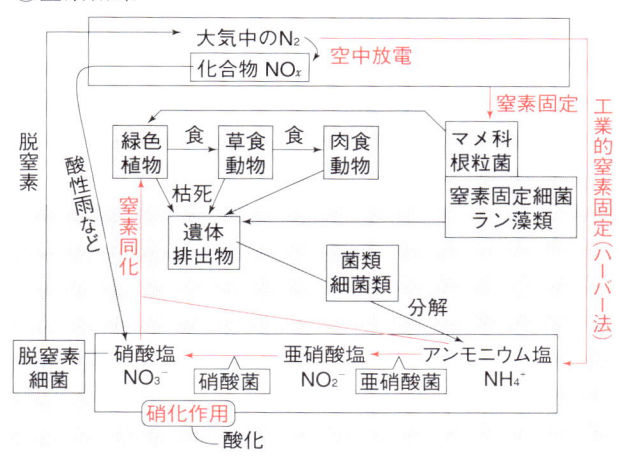

4 酵素

暗記POINT

1 酵素：生体内ではたらく触媒

触媒：反応の前後でそれ自身は変化せず、活性化エネルギーを低下させることで反応速度を大きくする物質

2 酵素はタンパク質でできているので、無機触媒とは異なるいくつかの性質がある。

❶ 基質特異性

特定の基質でしかはたらかない。
基質：酵素のはたらく物質

❷ 最適温度

たいてい30～40℃である。高温になりすぎると、タンパク質の高次構造が壊れて失活する。
失活：酵素のはたらきが失われること

❸ 最適pH

たいていpH 5～8だが、ペプシンの最適pHは2である。

（参考） 酵素の種類

酵素	例
加水分解酵素	アミラーゼなど（参p.90）
酸化還元酵素	オキシダーゼ、チマーゼ（参p.132）カタラーゼ（参p.136）
脱離酵素	デカルボキシラーゼ（-COOH → CO_2）
合成酵素	DNAリガーゼ（DNAをつなぐ）

そのほか、転移酵素や異性化酵素がある。

2有機化合物と人間生活 ● 135

説明2 ❶ 例えば,無機触媒の MnO_2 は過酸化水素や塩素酸カリウムのように反応物を特定しない。

一方,酵素スクラーゼはスクロースの加水分解でしか触媒作用を示さない。

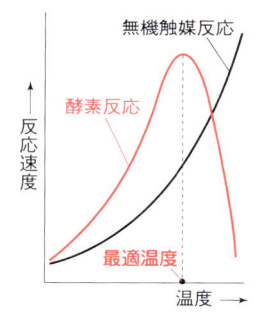

❷ 温度と反応速度

無機触媒反応
酵素反応
反応速度
最適温度
温度 →

❸ pHと反応速度

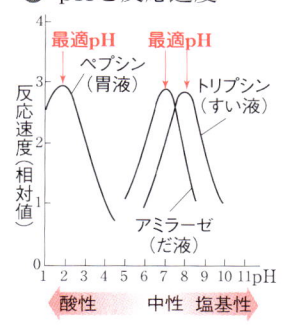

最適pH　最適pH
ペプシン（胃液）
トリプシン（すい液）
反応速度（相対値）
アミラーゼ（だ液）
0 1 2 3 4 5 6 7 8 9 10 11 pH
酸性　中性　塩基性

（参考）

基質Sと酵素Eは酵素-基質複合体ESを経由して,生成物になる。よって,基質Sが充分にあるとき($S \gg E$),反応速度は酵素Eの濃度に比例する(図1)。

また,酵素Eが充分にあるとき($S \ll E$),反応速度は基質Sに比例する(図2)。

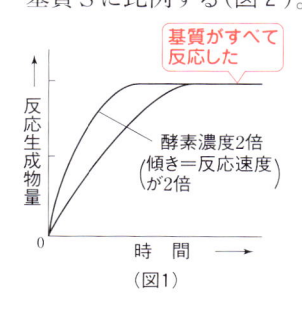

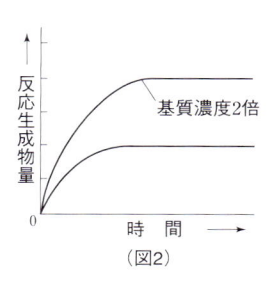

反応生成物量
基質がすべて反応した
酵素濃度2倍（傾き＝反応速度が2倍）
0　時　間　→
（図1）

反応生成物量
基質濃度2倍
0　時　間　→
（図2）

❻ 薬品

(参考) **1** 医薬品(その1)

暗記POINT

1 病原体(微生物) →感染→ →発症→ 病気の症状

殺菌・消毒薬を投与 / 化学療法薬を投与 / 対症療法薬を投与

薬理作用：医薬品が示す生体に対するはたらき。
　　　　　量によっては薬にも毒にもなる
副作用：薬理作用以外のはたらき

2 殺菌・消毒薬
　　（以後，▲は現在用いられないことを示す。）
❶ 細菌内に浸透し，タンパク質を変性させる。
　 ex. エタノール，フェノール(▲)，クレゾール
❷ 酸化作用で細菌を攻撃する。
　 ex. オキシドール(H_2O_2)　←さらし粉
　　　　塩素Cl_2 または $NaClO$，$CaCl(ClO)・H_2O$
　　　　ヨードチンキ(I_2のアルコール溶液)

説明 **1** 生薬：天然物をそのまま薬にしたもの

説明 **2** ❶ これにより，外科手術やけが，出産時の感染症を大幅に減らすことができた。

❷ オキシドールは傷口で，血液中の酵素カタラーゼによって分解され，発生する酸素によって酸化して殺菌する。

　塩素系のものはプールや水道水で，ヨウ素系のものはうがい薬として用いられる。ちなみに，ハロゲンの酸化力は $Cl_2 > I_2$ である。

(参考) 2 医薬品（その2）

暗記POINT

1 化学療法薬
❶ サルファ剤

H₂N－〈benzene〉－SO₂NH–H ← ここを変えたもの（硫黄(sulfur)）

スルファニルアミド（▲）の誘導体

❷ 抗生物質：微生物によってつくられ，病原体に作用する物質

ex. アオカビからペニシリン（▲）
耐性菌が出現する問題がある。

説明 1 細菌がもっている酵素（タンパク質）に作用して細菌のはたらきを阻害し，病気の原因を直接治療できる。

❶ ドマーク（独）がアゾ染料から発見。敗血症（血液中にも細菌が繁殖している状態）などの感染症に効く。細菌類の増殖に必要な葉酸の原料と構造が似ており，細菌が誤って取り込むことで阻害する。

❷ フレミング（英）がアオカビから発見。肺炎などに効く。細菌が細胞壁を合成するのを阻害する。

そのほか，最初の結核治療に用いられたストレプトマイシン（▲）や，テトラサイクリンなどがある。

（参考）

〈benzene〉–CH₂–C–NH–CH–CH–S–C–CH₃
　　　　　　∥　　　　∣　　∣　　∣
　　　　　　O　　　 C–N–CH–CH₃
　　　　　　　　　　∥
　　　　　　　　　　O　　COOH

↑ここを変えて誘導体をつくる　ペニシリン

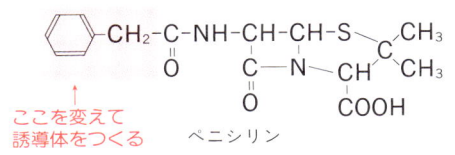

3 医薬品（その3）

暗記POINT

1 対症療法薬

❶ 解熱鎮痛薬

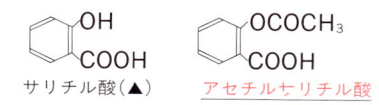

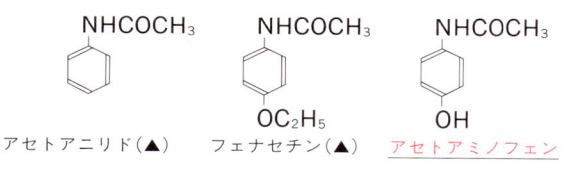

- サリチル酸（▲）
- アセチルサリチル酸
- アセトアニリド（▲）
- フェナセチン（▲）
- アセトアミノフェン

❷ 消炎外用薬

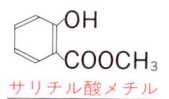

- サリチル酸メチル

❸ 保湿剤

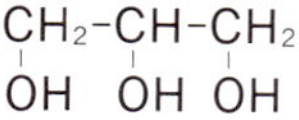

$CH_2-CH-CH_2$
$\ \ |\ \ \ \ \ |\ \ \ \ \ |$
$OH\ \ OH\ \ OH$

グリセリン

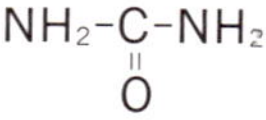

NH_2-C-NH_2
$\ \ \ \ \ \ \ \ \|$
$\ \ \ \ \ \ \ \ O$

尿素

❹ そのほか

吸入麻酔薬…一酸化二窒素 N_2O（笑気）

胃薬…炭酸水素ナトリウム $NaHCO_3$（重曹）

狭心症の薬…ニトログリセリン

説明 1 対症療法薬：病原菌に直接作用するのではなく、病気の症状を緩和し、自然治癒力により回復させる。

❶ サリシンはヤナギ(salix)の樹皮中にあり，古くから生薬として使われていた。体内で生じたサリチル酸が有効成分。

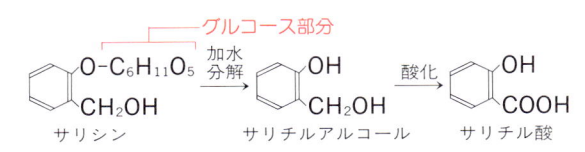

サリシン →(加水分解)→ サリチルアルコール →(酸化)→ サリチル酸
(サリシンの $O-C_6H_{11}O_5$ 部分がグルコース部分)

サリチル酸は比較的強い酸で胃を痛める。アセチルサリチル酸にすることで，酸性を弱め，小腸(塩基性)で加水分解されてサリチル酸塩の形で血液中へ吸収される。

アセトアミノフェンは風邪薬として使われる。

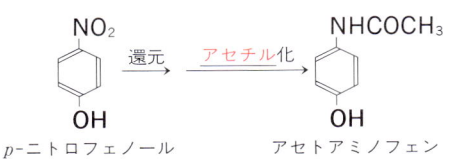

p-ニトロフェノール →(還元)→ →(アセチル化)→ アセトアミノフェン

❷ サリチル酸メチルは揮発性の液体なので，湿布やスプレーの形で使われる。

❸ それぞれ親水基をもち，空気中の水分を取り込むことができる。

❹ 麻酔性のある有機物はクロロホルム$CHCl_3$，エーテル，シクロプロパンなどである。

$NaHCO_3$は酸性塩だが，弱塩基性を示す。

$$NaHCO_3 + HCl \longrightarrow H_2O + CO_2 + NaCl$$
(胃液) (げっぷ)

ニトログリセリンはダイナマイトとして使用されるほか，今回のように狭心症の薬にもなる。

❼ 肥料

暗記POINT

① 肥料の三要素 ➡ 窒素N, リンP, カリウムK

② 窒素肥料

ハーバー法により合成
$$NH_3 + HNO_3 \longrightarrow NH_4NO_3$$
硝安 ← 肥料で使われる名称

$$2NH_3 + H_2SO_4 \longrightarrow (NH_4)_2SO_4$$
硫安

$$NH_3 + HCl \longrightarrow NH_4Cl$$
塩安

$$2NH_3 + CO_2 \xrightarrow{\text{高温・高圧}} NH_2CONH_2 + H_2O$$
尿素

③ リン肥料

$$Ca_3(PO_4)_2 + 2H_2SO_4 \longrightarrow \underline{Ca(H_2PO_4)_2 + 2CaSO_4}$$
過リン酸石灰

④ カリ肥料

KCl, K_2SO_4

説明 1 窒素はタンパク質,核酸,色素の構成元素で,茎・葉の成長に欠かせない。

リンはリン脂質・核酸・ATPの構成元素で,花芽の成長に欠かせない。

カリウムは細胞内で浸透圧の調節をする。糖類・タンパク質の合成に関係し,果実・種子の成長に欠かせない。

説明 2 空中放電(雷)でN_2が反応することもあるが,基本的に空気中のN_2は直接利用できない。昔は,チリ硝石$NaNO_3$を窒素肥料に用いた。

第一次世界大戦前、ハーバー(独)によるアンモニアの工業的製法により農業生産が飛躍的に増大した。

$$N_2 + 3H_2 \xrightarrow{\text{鉄系の触媒}} 2NH_3$$

アンモニアは酸と中和させ、塩の形で利用する。塩安はアンモニアソーダ法(Na_2CO_3の製法)の副生成物を利用する。

硝安、硫安、塩安は土壌中の水に溶けて酸性を示す。尿素は土壌中の微生物により、アンモニアを生じる。

説明3 リン酸カルシウム$Ca_3(PO_4)_2$は自然に産出する。各イオンの電荷が②+と③-なので、クーロン力が強く、水に溶けない。骨や歯の成分である。

リン酸二水素カルシウム$Ca(H_2PO_4)_2$は、各イオンの電荷が②+と-なので、クーロン力が弱く、水に溶ける。肥料になる。
——————水溶性が必須条件

過リン酸石灰は **暗記POINT** ③ の反応式で製造し、混合物のままで用いる。

説明4 土壌中の水に溶けるが、塩の加水分解はせず、中性である。また、カリ肥料は炎色反応で紫色を示す。

(参考)

化学肥料	天然肥料
○ 即効性	× 遅効性
× 川や湖の富栄養化	○ 土をいためない
○ 衛生的	× 虫・においが発生
× 他の微量成分なし	○ 他の微量成分あり

ふろく ①

**頻出構造式78と
入試問題（有機分野）の特徴**

頻出構造式78

簡易構造式で示す。

アセチレン	アニリン	アラニン
$H-C≡C-H$	⌬-NH_2	不斉炭素原子あり $CH_3-CH-COOH$ 　　　$\vert$ 　　NH_2

アセトアルデヒド	アセトン	アセトアニリド
CH_3-C-H 　　$\parallel$ 　　O	CH_3-C-CH_3 　　$\parallel$ 　　O	⌬-N-C-CH_3 　　$\vert$　$\parallel$ 　　H　O

エチレン	エタノール	エチレングリコール
H　　　H 　C=C H　　　H	CH_3-CH_2 　　　$\vert$ 　　OH	2価アルコール CH_2-CH_2 $\vert$　　$\vert$ OH　OH

アクリロニトリル	アクリル酸	メタクリル酸メチル
アクリル繊維の原料 $CH_2=CH$ 　　　$\vert$ 　　CN	$CH_2=CH$ 　　　$\vert$ 　$COOH$	アクリル樹脂の原料 　　CH_3 　　$\vert$ $CH_2=C$ 　　$\vert$ 　$COOCH_3$

エチルメチルケトン	エチルベンゼン
$CH_3CH_2-\underset{\underset{O}{\|\|}}{C}-CH_3$	⌬-CH_2CH_3

ジエチルエーテル	塩化ビニル
$CH_3CH_2-O-CH_2CH_3$	$CH_2=\underset{\underset{Cl}{\|}}{CH}$

アニリン塩酸塩	塩化ベンゼンジアゾニウム
⌬-NH_3Cl	⌬-N_2Cl

アジピン酸	ヘキサメチレンジアミン
↑ ナイロン66の原料 ↑	
$HO-\underset{\underset{O}{\|\|}}{C}-(CH_2)_4-\underset{\underset{O}{\|\|}}{C}-OH$	$H_2N-(CH_2)_6-NH_2$

ギ酸	乳酸	シュウ酸
	不斉炭素原子あり↑	
$H-\underset{\underset{O}{\|\|}}{C}-OH$	$CH_3-\underset{\underset{OH}{\|}}{CH}-COOH$	$\underset{\underset{O}{\|\|}}{\overset{\overset{O}{\|\|}}{C}}\underset{\underset{}{}}{\overset{}{}}\begin{matrix}-OH\\-OH\end{matrix}$

キシレン

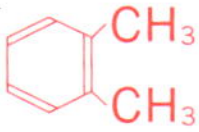

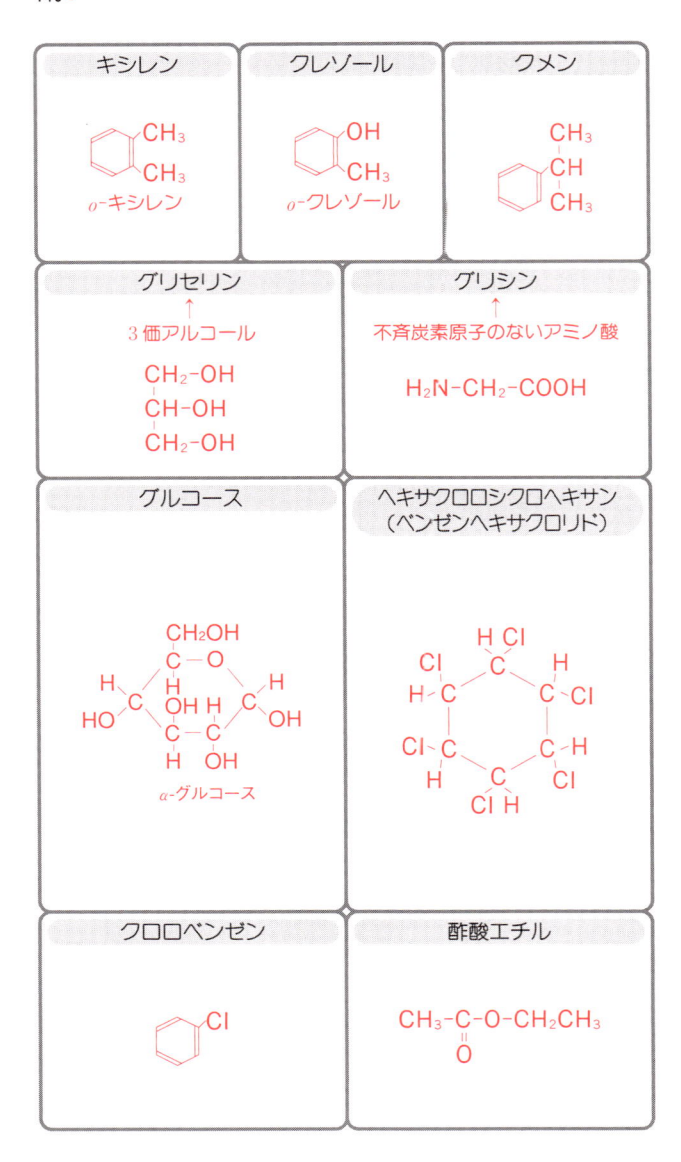

o-キシレン

クレゾール

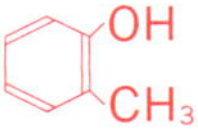

o-クレゾール

クメン

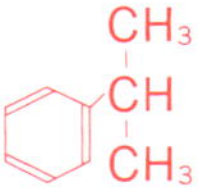

グリセリン

↑

3 価アルコール

$$\begin{array}{l} CH_2-OH \\ | \\ CH-OH \\ | \\ CH_2-OH \end{array}$$

グリシン

↑

不斉炭素原子のないアミノ酸

$$H_2N-CH_2-COOH$$

グルコース

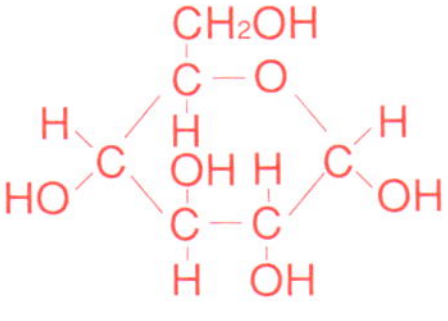

α-グルコース

ヘキサクロロシクロヘキサン（ベンゼンヘキサクロリド）

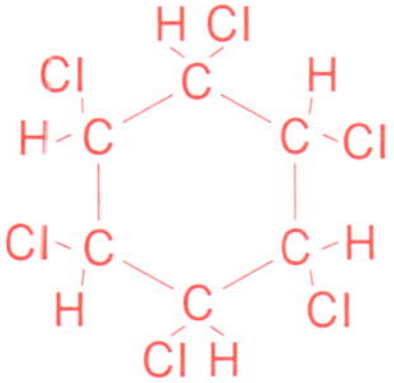

クロロベンゼン

酢酸エチル

$$\begin{array}{c} CH_3-C-O-CH_2CH_3 \\ \| \\ O \end{array}$$

酢酸ビニル

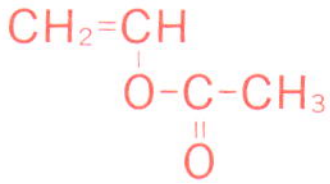
CH2=CH
O-C-CH3
O

ギ酸イソプロピル

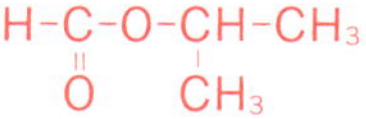
H-C-O-CH-CH3
O CH3

サリチル酸

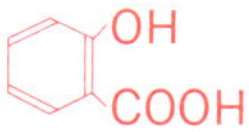
OH
COOH

サリチル酸メチル

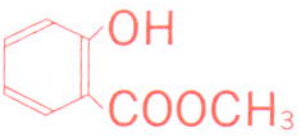
OH
COOCH3

アセチルサリチル酸

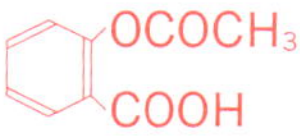
OCOCH3
COOH

シクロヘキサン

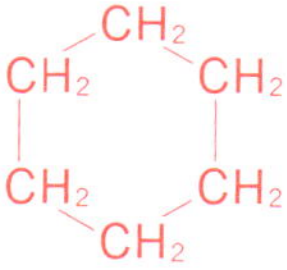
CH2
CH2 CH2
CH2 CH2
CH2

シクロヘキセン

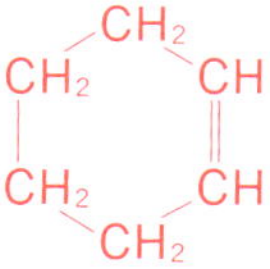
CH2
CH2 CH
CH2 CH
CH2

スチレン

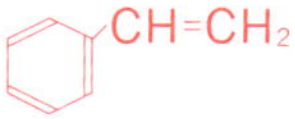
CH=CH2

トルエン

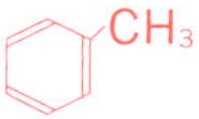
CH3

フェノール

OH

テレフタル酸

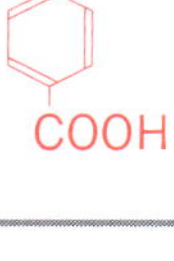
COOH
COOH

p-ジビニルベンゼン

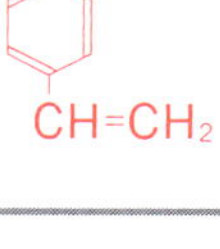
CH=CH2
CH=CH2

ナトリウムフェノキシド

ONa

尿素	ニトログリセリン	ニトロベンゼン
$H_2N-\underset{\underset{O}{\|\|}}{C}-NH_2$	CH_2-O-NO_2 $CH-O-NO_2$ CH_2-O-NO_2	⌬-NO_2

2,4,6-トリニトロトルエン(TNT)

2,4,6位にNO_2、1位にCH_3が置換したベンゼン

2,4,6-トリニトロフェノール(ピクリン酸)

2,4,6位にNO_2、1位にOHが置換したベンゼン

p-フェニルアゾフェノール (p-ヒドロキシアゾベンゼン)

⌬-N=N-⌬-OH

カプロラクタム

↑
ナイロン6の原料

$\begin{array}{c} CH_2-CH_2-C=O \\ CH_2 \quad\quad\quad\quad | \\ CH_2-CH_2-N-H \end{array}$

シス-2-ブテン

$\underset{H}{\overset{CH_3}{\diagdown}}C=C\underset{H}{\overset{CH_3}{\diagup}}$

ブタジエン

$CH_2=CH-CH=CH_2$

イソプレン

$CH_2=\underset{\underset{}{|}}{\overset{CH_3}{C}}-CH=CH_2$

プロペン(プロピレン)

↑
アルケン

$CH_3-CH=CH_2$

プロピオンアルデヒド	プロピオン酸
$CH_3CH_2-\underset{\underset{O}{\parallel}}{C}-H$	$CH_3CH_2-\underset{\underset{O}{\parallel}}{C}-OH$

フマル酸	マレイン酸	フタル酸
H–C–COOH ‖ HOOC–C–H	H–C–COOH ‖ H–C–COOH	⌬-COOH, COOH (オルト)

ベンジルアルコール	ベンズアルデヒド	安息香酸
⌬–CH$_2$–OH	⌬–CHO	⌬–COOH

ホルムアルデヒド	トリクロロメタン（クロロホルム）	ヨードホルム
$H-\underset{\underset{O}{\parallel}}{C}-H$	$H-\underset{\underset{Cl}{\mid}}{\overset{\overset{Cl}{\mid}}{C}}-Cl$	$H-\underset{\underset{I}{\mid}}{\overset{\overset{I}{\mid}}{C}}-I$

無水酢酸	無水フタル酸	ナフタレン
$CH_3-\underset{\underset{O}{\parallel}}{C}-O-\underset{\underset{O}{\parallel}}{C}-CH_3$ (縦書き)	フタル酸無水物構造	分子式 $C_{10}H_8$ ナフタレン構造

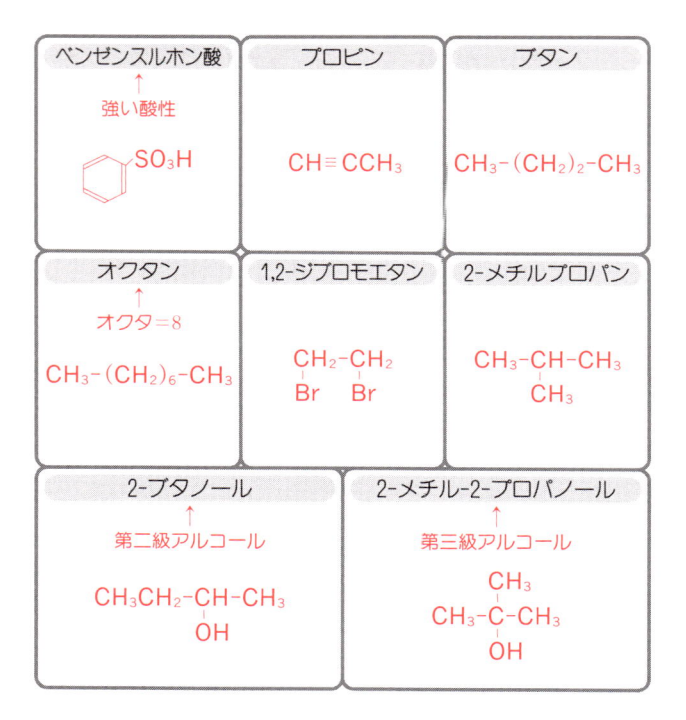

ベンゼンスルホン酸	プロピン	ブタン
↑ 強い酸性 ⌬-SO₃H	CH≡CCH₃	CH₃-(CH₂)₂-CH₃

オクタン	1,2-ジブロモエタン	2-メチルプロパン
↑ オクタ=8 CH₃-(CH₂)₆-CH₃	CH₂-CH₂ |　　| Br　　Br	CH₃-CH-CH₃ | CH₃

2-ブタノール	2-メチル-2-プロパノール
第二級アルコール CH₃CH₂-CH-CH₃ 　　　　| 　　　　OH	第三級アルコール 　　　CH₃ 　　　| CH₃-C-CH₃ 　　　| 　　　OH

入試問題(有機分野)の特徴

国公立大二次・私大の試験では「異性体と構造決定問題(参p.170)」を中心に出題される。

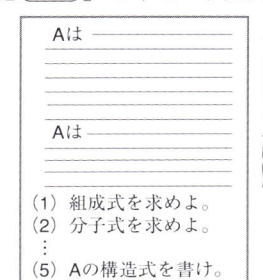

```
Aは_____
   _____
   _____
Aは_____
   _____
   _____
(1) 組成式を求めよ。
(2) 分子式を求めよ。
⋮
(5) Aの構造式を書け。
```

ある化合物Aについて,
❶ 元素分析の文章
❷ 分子量がわかる文章

❸ Aの性質,反応
   (原因)→(結果)の
   繰り返し

❶,❷は元素分析(参p.18, 19)がわかれば得点に直結する。しかし,❸を読みこなしてAの構造を決定するには,次の能力が必要となる。

〈問題演習をやりながら身につけてほしいこと〉

POINT

① 無機試薬から何が起きているのかを検索する。
　　　　　　　　　　　　　　　　　(参p.154 試薬マニュアル)

② 異性体をすべて書き出し,情報により絞っていく。
　　　　　or
　情報からわかるパーツを組み立てて,構造を決定する。

③ これまでの知識に穴がないかを確かめる。
　　　　　　　　　　　　　　　　　(参p.8〜141)

ふろく❷

試薬マニュアル

試薬マニュアルの使い方

　有機分野の文章に出てくる無機物質も，それだけをみるとはたらきがたくさんあって混乱するが，前後の物質との関わりによって，その物質の使用目的が限定される。

> ## 1 塩酸 HClaq，希硫酸 H_2SO_4aq（強酸）
>
> ### ① エステル結合，アミド結合［加熱］
> ➡ 加水分解の触媒（可逆反応）
>
> $$R-\underset{O}{\underset{\|}{C}}-O-R' + H_2O \rightleftharpoons R-\underset{O}{\underset{\|}{C}}-O-H + R'-OH$$
> 　　エステル　　　　　　　　　　　カルボン酸　　　アルコール
>
> ### ② 弱酸の塩，塩基
> ➡ 酸として反応
>
> ### ③ 酸性の溶液にする。

★1　赤文字：その試薬のはたらき
★2　青文字：試薬により反応する有機化合物
★3　［　　　］：はたらきを補足する条件

例題

　分子式 $C_3H_6O_2$ の化合物Aがある。Aは 希硫酸 を加えて加熱すると，2種類の化合物BとCを生じる。Bは…。Cは…。

● **考え方**　［加熱］しているので，希硫酸 は①加水分解の触媒として使用している。

　エステルとアミドが条件に合致するが，Aの分子式にNはないので，Aはエステルとわかる。

　先の文章を読まないとわからないが，少なくともBとCはカルボン酸とアルコールになっている。

試薬マニュアル

1 塩酸 HClaq，希硫酸 H_2SO_4aq（強酸）

❶ エステル結合，アミド結合［加熱］
➡ 加水分解の触媒（可逆反応）

$$R-\underset{\underset{O}{\|}}{C}-O-R' + H_2O \rightleftharpoons R-\underset{\underset{O}{\|}}{C}-O-H + R'-OH$$

エステル　　　　　　　　カルボン酸　　アルコール
　　　　　　　　　　　　　　　　　　　　フェノール

$$R-\underset{\underset{O}{\|}}{C}-\underset{\underset{H}{\;}}{N}-R' + H_2O \longrightarrow R-\underset{\underset{O}{\|}}{C}-O-H + R'-NH_2$$
$$(R'-NH_3^{\oplus})$$

アミド　　　　　　　　　カルボン酸　　アミン
　　　　　　　　　　　　　　　　　　　↑
　　　　　　　　　　　　　　中和されて塩になる

❷ 弱酸の塩，塩基
➡ 酸として反応

〈酸の強さ〉
（強酸）≫カルボン酸＞（炭酸）＞フェノール

$$R-\underset{\underset{O}{\|}}{C}-O^{\ominus}Na^{\oplus} \xrightarrow{H^+} R-\underset{\underset{O}{\|}}{C}-OH$$
カルボン酸

◯-O⁻Na⁺ $\xrightarrow{H^+}$ ◯-OH
　　　　　　　　　　　フェノール

◯-NH_2 $\xrightarrow{HCl}$ ◯-$NH_3^{\oplus}Cl^{\ominus}$
アニリン

❸ 酸性の溶液にする。
❶ ［＋二クロム酸カリウム］➡ 6-1 ❶
❷ ［＋スズ(or鉄)］➡ 11-3

❷ 濃硫酸 H_2SO_4

❶ アルコール

➡ 脱水反応の触媒

❶ [高温加熱] ➡ 分子内脱水

$$\underset{H\ OH}{-\overset{|}{C}-\overset{|}{C}-} \longrightarrow \underset{\text{アルケン}}{\overset{\diagdown}{C}=\overset{\diagup}{C}} + H_2O$$

❷ [中温加熱] ➡ 分子間脱水

$$R-OH + H-O-R \longrightarrow \underset{\text{エーテル}}{R-O-R} + H_2O$$

❸ [低温加熱] [＋カルボキシ基]

➡ エステル化

$$\underset{O}{R-\overset{\|}{C}-OH} + H-O-R' \longrightarrow \underset{\underset{\text{エステル}}{O}}{R-\overset{\|}{C}-O-R'} + H_2O$$

❷ ベンゼン

➡ スルホン化

$$\underset{}{\bigcirc} + \underset{(HO-SO_3H)}{H_2SO_4} \longrightarrow \bigcirc\!\!-SO_3H + H_2O$$

❸ [＋濃硝酸（混酸）]

➡ ニトロ化の触媒 ➡ ❸❶

❸ 濃硝酸 HNO₃

❶ ベンゼン，フェノール，トルエン ［＋濃硫酸］

➡ <u>ニトロ</u>化

$$\text{C}_6\text{H}_6 + \text{HNO}_3 \text{ (HO-NO}_2\text{)} \longrightarrow \text{C}_6\text{H}_5\text{NO}_2 + \text{H}_2\text{O}$$

$$\text{C}_6\text{H}_5\text{OH} + 3\text{HNO}_3 \longrightarrow \longrightarrow \longrightarrow \text{C}_6\text{H}_2(\text{OH})(\text{NO}_2)_3 + 3\text{H}_2\text{O}$$

$$\text{C}_6\text{H}_5\text{CH}_3 + 3\text{HNO}_3 \longrightarrow \longrightarrow \longrightarrow \text{C}_6\text{H}_2(\text{CH}_3)(\text{NO}_2)_3 + 3\text{H}_2\text{O}$$

❷ ベンゼン環をもつ α-アミノ酸，タンパク質

➡ <u>キサントプロテイン</u>反応

フェニルアラニン，チロシンなどがニトロ化して黄色に呈色する。その後，NH₃（塩基性）で橙黄色になる。

❸ ヒドロキシ基 ［＋濃硫酸］

➡ <u>硝酸エステル</u>の合成

ex.
$$\begin{array}{l}\text{CH}_2\text{-OH} \\ \text{CH-OH} \\ \text{CH}_2\text{-OH}\end{array} + 3\text{HNO}_3 \text{ (HO-NO}_2\text{)} \longrightarrow \begin{array}{l}\text{CH}_2\text{-O-NO}_2 \\ \text{CH-O-NO}_2 \\ \text{CH}_2\text{-O-NO}_2\end{array} + 3\text{H}_2\text{O}$$

グリセリン　　　　　　　　　　　　ニトログリセリン

$$[\text{C}_6\text{H}_7\text{O}_2(\text{OH})_3]_n \longrightarrow [\text{C}_6\text{H}_7\text{O}_2(\text{ONO}_2)_3]_n$$

セルロース　　　　　　トリニトロセルロース

名前は「ニトロ〜」だが，硝酸エステル

4-1 二酸化炭素 CO_2

① フェノールの塩 ［炭酸（CO_2 の水溶液）］
➡ 弱酸の遊離（フェノールの遊離）

〈酸の強さ〉
（強酸）≫カルボン酸＞（炭酸）＞フェノール

$$\text{C}_6\text{H}_5\text{O}^-\text{Na}^+ + \text{H}_2\text{O} + \text{CO}_2 \longrightarrow \text{C}_6\text{H}_5\text{OH} + \text{Na}^+\text{HCO}_3^-$$

② フェノールの塩 ［高温・高圧］
➡ サリチル酸の合成

$$\text{(o-}\text{C}_6\text{H}_4(\text{O}^-\text{Na}^+)\text{H}) \xrightarrow[\text{高温・高圧}]{\text{CO}_2} \text{(o-}\text{C}_6\text{H}_4(\text{OH})(\text{COO}^-\text{Na}^+)\text{)}$$

$$\left(\xrightarrow{\text{H}^+(\text{強酸})} \text{(o-}\text{C}_6\text{H}_4(\text{OH})(\text{COOH})\text{)} \right)$$

4-2 炭酸水素ナトリウム $NaHCO_3$（炭酸の塩）

カルボン酸（スルホン酸）
➡ 弱酸の遊離（カルボン酸の検出）

$$\text{C}_6\text{H}_5\text{COOH} + \text{Na}^+\text{HCO}_3^- \longrightarrow \text{C}_6\text{H}_5\text{COO}^-\text{Na}^+ + \underline{\text{H}_2\text{O} + \text{CO}_2}_{(\text{H}_2\text{CO}_3)}$$

5-1 水酸化ナトリウム水溶液 NaOHaq（強塩基）

① エステル結合, アミド結合 ［加熱］

➡ <u>加水分解(けん化)</u> （不可逆反応）

$$\text{R-C-O-R'} + \text{NaOH} \longrightarrow \text{R-C-O}^{\ominus}\text{Na}^{\oplus} + \text{R'-OH}$$
$$\quad\;\; \overset{\|}{\text{O}} \qquad\qquad\qquad\qquad \overset{\|}{\text{O}}$$

エステル　　　　　　　　　　　カルボン酸の塩　　アルコール
　　　　　　　　　　　　　　　　　　　　　　　　フェノール

$$\text{R-C-N-R'} + \text{NaOH} \longrightarrow \text{R-C-O}^{\ominus}\text{Na}^{\oplus} + \text{R'-NH}_2$$
$$\quad\;\; \overset{\|}{\text{O}}\; \overset{}{\text{H}} \qquad\qquad\qquad \overset{\|}{\text{O}}$$

アミド　　　　　　　　　　　　カルボン酸の塩　　　アミン

② 弱塩基の塩, 酸

➡ <u>塩基</u>として反応

〈塩基の強さ〉
NaOH ≫ アニリン

$$\text{C}_6\text{H}_5\text{-NH}_3^{\oplus} \xrightarrow{\text{OH}^{\ominus}} \text{C}_6\text{H}_5\text{-NH}_2 + \text{H}_2\text{O}$$

　　　　　　　　　　アニリン

$$\text{R-C-OH} \xrightarrow{\text{NaOH}} \text{R-C-O}^{\ominus}\text{Na}^{\oplus} + \text{H}_2\text{O}$$
$$\;\;\overset{\|}{\text{O}} \qquad\qquad\quad \overset{\|}{\text{O}}$$

カルボン酸

$$\text{C}_6\text{H}_5\text{-OH} \xrightarrow{\text{NaOH}} \text{C}_6\text{H}_5\text{-O}^{\ominus}\text{Na}^{\oplus} + \text{H}_2\text{O}$$

フェノール

③ <u>塩基</u>性の溶液にする。

❶ ［＋ヨウ素, 加熱］ ➡ ❽ ❶
❷ ［＋フェーリング液(Cu^{2+})］ ➡ ❿ ❶
❸ ［＋硫酸銅(II)水溶液］ ➡ ❿ ❷

❹ ベンゼンスルホン酸 ［NaOH（固）を加熱］

➡ アルカリ融解（フェノールの合成）

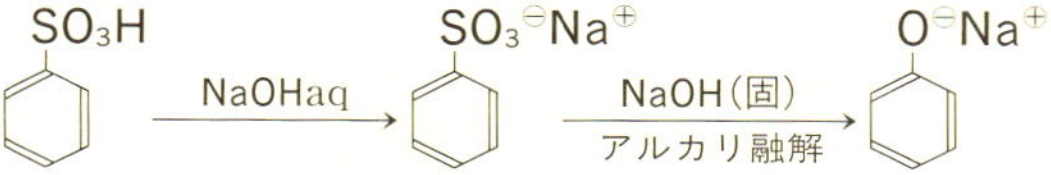

C₆H₅-SO₃H —NaOHaq→ C₆H₅-SO₃⁻Na⁺ —NaOH（固）／アルカリ融解→ C₆H₅-O⁻Na⁺

❺ クロロベンゼン ［NaOHaq，高温・高圧］

➡ フェノールの合成

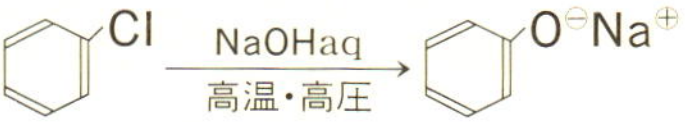

C₆H₅-Cl —NaOHaq／高温・高圧→ C₆H₅-O⁻Na⁺

5-2 単体ナトリウム Na

ヒドロキシ基

➡ 水素発生（ヒドロキシ基の検出）

$$2R\text{-}OH + 2Na \longrightarrow 2R\text{-}O^-Na^+ + H_2$$

アルコール
フェノール

6-1 二クロム酸カリウム $K_2Cr_2O_7$(主に①), 過マンガン酸カリウム $KMnO_4$(主に②③)

①第一, 二級アルコール

➡ 酸化剤

$$(C)-\underset{OH}{\overset{H}{\underset{|}{C}}}-H \xrightarrow[(-2H)]{酸化} (C)-\underset{O}{\overset{\|}{C}}-H \xrightarrow[(+O)]{酸化} (C)-\underset{O}{\overset{\|}{C}}-OH$$

第一級アルコール　　　アルデヒド　　　　カルボン酸

$$(C)-\underset{OH}{\overset{H}{\underset{|}{C}}}-(C) \xrightarrow[(-2H)]{酸化} (C)-\underset{O}{\overset{\|}{C}}-(C)$$

第二級アルコール　　　ケトン

②ベンゼン環の側鎖に炭素

➡ 酸化剤

ベンゼン-(C) $\xrightarrow{酸化}$ ベンゼン-COOH

o-二置換ベンゼン (C)(C) $\xrightarrow{酸化}$ COOH, COOH $\xrightarrow{脱水}$ 無水フタル酸 (CO)$_2$O

③アルケンの二重結合

➡ 酸化剤(分解)

$$\underset{(C)}{\overset{(C)}{>}}C=C\underset{H}{\overset{(C)}{<}} \xrightarrow[分解]{酸化} \underset{(C)}{\overset{(C)}{>}}C=O \quad O=C\underset{OH}{\overset{(C)}{<}}$$

　　　　　　　　　　　　　　ケトン　　カルボン酸

(注)

$\underset{H}{\overset{H}{>}}C=$ のとき, この部分は CO_2 と H_2O になる。

6-2 オゾン O_3

アルケンの二重結合

➡ オゾン分解

$$\underset{(C)}{\overset{(C)}{>}}C=C\underset{H}{\overset{(C)}{<}} \xrightarrow{\text{酸化}\atop\text{分解}} \underset{(C)}{\overset{(C)}{>}}C=O \quad O=C\underset{H}{\overset{(C)}{<}}$$

　　　　　　　　　　　　　ケトン　　アルデヒド

（注）

$\underset{H}{\overset{H}{>}}C=$ のとき，この部分はホルムアルデヒド

$\underset{H}{\overset{H}{>}}C=O$ になる。

7 塩素 Cl_2(主に❶,❷,❺), 臭素 Br_2(主に❸,❹), 水素 H_2(主に❹,❺)

❶ アルカンなど(炭化水素)[+光]
➡ **置換**反応(連鎖的)

ex. $CH_4 \xrightarrow[]{Cl_2 \quad HCl} CH_3Cl \xrightarrow[]{Cl_2 \quad HCl} CH_2Cl_2 \xrightarrow[]{Cl_2 \quad HCl} CHCl_3 \xrightarrow[]{Cl_2 \quad HCl} CCl_4$

❷ ベンゼン [+Fe]
➡ **置換**反応

ベンゼン $\xrightarrow[[Fe]]{Cl_2}$ クロロベンゼン + HCl

❸ フェノール,(アニリン)←オルト・パラ配向性
➡ **置換**反応×3

フェノール + $3Br_2$ ⟶⟶⟶ 2,4,6-トリブロモフェノール + 3HBr

❹ C=C, C≡C ←不飽和結合
➡ **付加**反応　特に臭素水(赤褐色)の脱色が重要

$\diagup$C=C$\diagdown$ + Br_2 ⟶ $-\underset{Br}{C}-\underset{Br}{C}-$
アルケン

❺ ベンゼン ［＋光でCl₂］, ［＋Ni(Pt)でH₂］
➡ 付加反応×3

8 ヨウ素 I_2

① CH₃-C-R   CH₃-CH-R   [塩基性，加熱]
      ‖ |
      O   OH

➡ <u>ヨードホルム</u>反応

反応物よりCが1つ少ない

CH₃-C-R ⟶ CHI₃ + R-C-O⁻
    ‖   ‖
    O   O

　　　　　ヨードホルム　カルボン酸の塩
　　　　　（黄色沈殿）

② アミロース，アミロペクチン，グリコーゲン
（らせん構造）

➡ <u>ヨウ素デンプン</u>反応

らせんが長い　　　らせんが短い
アミロース　⟷　アミロペクチン
青紫色　　　　　赤紫色

9 (アンモニア性)硝酸銀水溶液 $AgNO_3aq$

↑ $[Ag(NH_3)_2]^+$ になっている

❶ アルデヒド，ギ酸，単糖類，二糖類（還元性あり）
　　　　　　　　　　　　　　　　　↑スクロース以外

➡ <u>銀鏡</u>反応

$R-CHO \longrightarrow R-COO^-$
　　　　　　　　カルボン酸の塩

$\underset{+1}{Ag^+}$ は $\underset{0}{Ag}$ に還元される。

❷ $-C≡C-H$

➡ <u>置換</u>反応して銀アセチリドを生じる

$HC≡CH \longrightarrow AgC≡CAg$
　　　　　　　　　白色沈殿

⑩ 銅イオン Cu^{2+}（Cu^+）

[　　]の中に Cu^{2+}（Cu^+）が含まれている。

❶ アルデヒド，ギ酸，単糖類，二糖類（還元性あり）
　　　　　　　　　　　　　　　↳スクロース以外
［フェーリング液（Cu^{2+} 存在）］

➡ <u>フェーリング</u>反応

R-CHO ⟶ R-COO$^{\ominus}$
　　　　　　カルボン酸の塩

$\underset{+2}{Cu^{2+}}$（青色）は $\underset{+1}{Cu_2O}$（赤色沈殿）に還元される。

❷ トリペプチド，タンパク質（2つ以上のペプチド結合）［塩基性 $CuSO_4$ aq］

➡ <u>ビウレット</u>反応（赤紫～青紫色）

❸ -C≡C-H ［アンモニア性 CuClaq（Cu^+ 存在）］

➡ <u>置換</u>反応して銅アセチリドを生じる

ex. HC≡CH ⟶ CuC≡CCu
　　　　　　　　　　赤色沈殿

11-1 塩化鉄(Ⅲ)水溶液 $FeCl_3aq$

フェノール類
➡ 青紫色に呈色

11-2 鉄粉 Fe

[$+Cl_2$]
➡ 置換反応の触媒 ➡ 7 ②

11-3 スズ Sn(or 鉄 Fe)

ニトロベンゼン [＋濃塩酸]
➡ ニトロベンゼンの還元

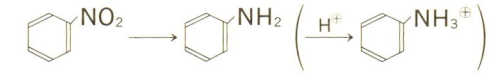

$$\text{C}_6\text{H}_5\text{NO}_2 \longrightarrow \text{C}_6\text{H}_5\text{NH}_2 \left(\xrightarrow{H^+} \text{C}_6\text{H}_5\text{NH}_3^{\oplus} \right)$$

12-1 さらし粉 $CaCl(ClO)\cdot H_2O$

アニリン
➡ 酸化されて赤紫色に呈色

12-2 塩化カルシウム $CaCl_2$

➡ 乾燥剤として H_2O 吸収 ───── ①
　↑
　溶液中の水分も吸収

　　　　　　　　　　　　　　　　元素分析の手順

12-3 ソーダ石灰 (CaO ＋ NaOH)

➡ 乾燥剤として CO_2 吸収 ◀───── ②

⓭ 亜硝酸ナトリウム水溶液 $NaNO_2$ aq

アニリン［＋HCl，5℃以下］
➡ **ジアゾ**化

$C_6H_5-NH_2 \longrightarrow C_6H_5-N_2Cl$

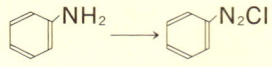

塩化ベンゼンジアゾニウム

⓮-1 カーバイド CaC_2

➡ **アセチレン**の合成　　CaOとしないこと
$CaC_2 + 2H_2O \longrightarrow Ca(OH)_2 + HC\equiv CH$

酢酸で中和

⓮-2 酢酸カルシウム $(CH_3COO)_2Ca$

［乾留］
➡ **アセトン**の合成
$(CH_3COO)_2Ca \longrightarrow CH_3\text{-}CO\text{-}CH_3 + CaCO_3$

⓮-3 酢酸ナトリウム CH_3COONa

［固体のまま，＋NaOH(固)，加熱］
➡ **メタン**の合成
$CH_3COONa + NaOH \longrightarrow CH_4 + Na_2CO_3$

ふろく❸

異性体と構造決定問題

異性体と構造決定問題

1

A, B, C, Dは分子式C_4H_8の構造異性体である。

A, B, C, Dのそれぞれについて水を付加させると, BとCからはそれぞれ同じ化合物Eが得られ, DからはFが得られたが, Aは変化しなかった。

EとFのそれぞれに, 水酸化ナトリウム水溶液とヨウ素を加えて温めると, Eでは黄色の沈殿が生じた。また, Fは硫酸酸性二クロム酸カリウムと反応しなかった。

次に, BとCに臭素を付加させると, Bからは1個の不斉炭素原子をもつGが得られ, 一方, Cからは2個の不斉炭素原子をもつHが得られた。

問 ① Aとして考えられる構造式をすべて示せ。
問 ② E〜Hの構造式を示せ。 〈摂南大〉

●解説

問 ① Cの数が4なので, Hがつく最大数は$4×2+2=10$であるが, 実際は8。

2つHが足りないから, 二重結合ができてアルケン, または, 環構造ができてシクロアルカンのどちらかである。

$$\text{不飽和度 } U = \frac{\overbrace{(\text{Cの数})×2+2}^{\text{とりうるHの最大数}}-\overbrace{(\text{Hの数})}^{\text{実際のHの数}}}{2}$$

➡ 二重結合の数 or 環構造の数

本問は$U=1$より,

● アルケン

```
              C
              ↓3
C┼C┼C┼C     C┼C┼C
1  ②  ①      3   ③
```

↑は二重結合(=)の位置を示す。
同じ番号のものは, ○のものと同じもの。

異性体と構造決定問題 ● 171

● シクロアルカン（下線❷より，Aはシクロアルカン）

④ CH₂-CH₂
   CH₂-CH₂

⑤   CH₂
 CH₂-CH-CH₃ 答

構造異性体は以上の5つ。

（②の幾何異性体を区別すると6つ。）

問 ❷ ❶より，アルケンに付加させる。

  水（H-OH）のような非対称のものを付加させるとき，H は仲間の多いほうにつくのが安定（マルコフニコフ則）。

① 1-ブテン

CH₃-CH₂-CH=CH₂ ⎯(副)⎯→ (今回は生成せず
           (主)   CH₃-CH₂-CH₂-CH₂
                                    OH)

               +H₂O ↘

② 2-ブテン

CH₃-CH=CH-CH₃ ⎯+H₂O⎯→ CH₃-CH₂-CH-CH₃
                                                   OH 答E

❸はヨードホルム反応 試薬マニュアル・❽-❶

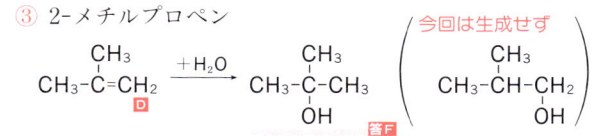

③ 2-メチルプロペン

   CH₃   CH₃   (今回は生成せず
CH₃-C=CH₂ ⎯+H₂O⎯→ CH₃-C-CH₃   CH₃
    D   OH   CH₃-CH-CH₂
                                          答F   OH)

❹第三級アルコールは酸化されにくい。 試薬マニュアル・❻-❶

❺①〜③をBr₂で付加し，不斉炭素原子を*Cで表すと，

① CH₃-CH₂-*CH-CH₂   ② CH₃-*CH-*CH-CH₃
B   Br Br   C   Br   Br
                           答G   答H

     CH₃
③ CH₃-C-CH₂
     Br Br

（参考） オゾン分解

アルケンはオゾンによる酸化を受ける。

$$\underset{R_2}{\overset{R_1}{>}}C=C\underset{R_4}{\overset{R_3}{<}} \xrightarrow{\text{オゾン分解}} \underset{R_2}{\overset{R_1}{>}}C=O \;+\; O=C\underset{R_4}{\overset{R_3}{<}}$$

（R_1〜R_4はアルキル基または水素）

ex. ❶の①〜③をオゾン分解すると，

① CH_3-CH_2 の C=C 構造（1-ブテン）
 → プロピオンアルデヒド ＋ ホルムアルデヒド

② CH_3 と CH_3 が両側にある C=C 構造（シス-2-ブテン）
 → アセトアルデヒド ＋ アセトアルデヒド

③ CH_3 が2つ片側にある C=C 構造（2-メチルプロペン）
 → アセトン ＋ ホルムアルデヒド

生成物から，C=Cの位置が判別できる

- ホルムアルデヒド ➡ はじっこのCがC=Cに関与
- ホルムアルデヒド以外のアルデヒド
   ➡ 途中のCがC=Cに関与
- ケトン ➡ 枝分かれしているCがC=Cに関与

2

　分子式$C_4H_{10}O$の有機化合物には構造異性体が7種ある。その中のA，B，C，Dは金属ナトリウムと反応して水素を発生し，強い塩基性を示すアルコキシドになる。

　Aには不斉炭素原子があり，そのため光学異性体が存在する。Aは硫酸酸性の二クロム酸カリウムと反応するが，その生成物はフェーリング液とは反応しない。Bは硫酸酸性の二クロム酸カリウムと反応しにくい。

　A〜Dを脱水すると，Aからは立体異性体も区別して3種類の異性体が生成する。BとCからは同じものができる。

　Aの構造異性体であるEは，エタノールに濃硫酸を加え130℃で加熱することで合成できる。

問 ❶ A〜Eの構造式を示せ。

問 ❷ 異性体の関係にあるAとEは，Aの方がより沸点が高い。その理由を20字以内で述べよ。

問 ❸ 分子式$C_4H_{10}O$の有機化合物の中で，Aのみを検出できる呈色反応の名称を記せ。

〈筑波大，島根大〉

●解説

問 ❶ $U = \dfrac{4 \times 2 + 2 - 10}{2} = 0$　and　酸素原子1つ

　　➡ アルコールかエーテル

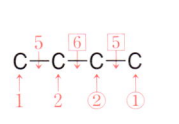

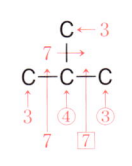

```
      5   6   5                C ← 3
  C─C─C─C─C                  7 ↑
  ↑   ↑   ↑   ↑              C─C─C─C
  1   2   ②   ①              ↑ ↑ ↑
                             3 ④ 3
                               ↑
                               7
```

↑はOHのつく位置または
Oの入る位置を示す。
①〜④：OHのつく位置
　　　（アルコール）
⑤〜⑦：Oの入る位置
　　　（エーテル）

🔧1 より，Naと反応するA〜Dはアルコールである。**試薬マニュアル・5-2**

🔧2 より，各アルコールを酸化すると **試薬マニュアル・6-1-①**，

① 1-ブタノール

$$CH_3\text{-}CH_2\text{-}CH_2\text{-}CH_2 \xrightarrow{-2H} C\text{-}C\text{-}C\text{-}C\text{-}H \xrightarrow{+O} C\text{-}C\text{-}C\text{-}C\text{-}OH$$
$$\quad\quad\quad\quad\quad OH \quad\quad\quad\quad\quad\quad\quad \| \quad\quad\quad\quad\quad\quad\quad\quad \|$$
$$\quad\quad\quad\quad\quad\quad\quad\quad\quad\quad\quad\quad\quad O \quad\quad\quad\quad\quad\quad\quad\quad\quad O$$
　　　　　　　　　　　　　　　　還元性あり　　　　　　　酸性

② 2-ブタノール

$$CH_3\text{-}CH_2\text{-}{}^*CH\text{-}CH_3 \xrightarrow{-2H} C\text{-}C\text{-}C\text{-}C$$
$$\quad\quad\quad\quad\quad OH \quad\quad\quad\quad\quad\quad\quad \|$$
$$\quad\quad\quad\quad\quad\quad\quad\quad\quad\quad\quad\quad\quad O$$
答A

🔧3 より，*Cをもつ②はAである。また，**🔧4** より，酸化生成物には還元性なし **試薬マニュアル・⑩-①**。

③ 2-メチル-1-プロパノール

```
        CH_3                      C                          C
         |                        |                          |
CH_3-CH-CH_2   ─(-2H)→   C-C-C-H   ─(+O)→   C-C-C-OH
         |                        ‖                          ‖
         OH                       O                          O
```
　　　　　　　　　　　　　還元性あり　　　　　　酸性

④ 2-メチル-2-プロパノール

```
        CH_3
         |
CH_3-C-CH_3   ─→   ×
         |
         OH
```
答B

酸化されにくいので，④はBである。

🔧5 より，アルコールを脱水させる。

$$CH_3\text{-}CH_2\text{-}{}^*CH\text{-}CH_3 \longrightarrow C\text{-}C=C\text{-}C \quad\quad C\text{-}C\text{-}C=C$$
A　　　　　　|　　　　　　シス，トランス　　　　　計3種
　　　　　　　OH

```
        CH_3                  C      H                     CH_3
         |                     \    /                       |
CH_3-C-CH_3   ─→           C=C          ←─   CH_3-CH-CH_2
         |                  /    \                         |
         OH                C      H                        OH
```
B　　　　　　　　　　　　　　　　　　　　　　　　**答C**

残った①はDである。　CH₃-CH₂-CH₂-CH₂
　　　　　　　　　　　　　　　　　　｜
　　　　　　　　　　　　　　　　　　OH　答D

(参考)

脱水で水(H-OH)を取るとき，Hは仲間の少ない方から取られやすい。(ザイツェフ則)

❻より，分子間脱水でジエチルエーテルが生じる。

2CH₃-CH₂-OH ⟶ CH₃-CH₂-O-CH₂-CH₃　答E

問❷ Aは分子間で水素結合を生じるから。
問❸ ヨードホルム反応

3

問 ❶ 分子式 C_4H_8O のカルボニル化合物(アルデヒド，ケトン)の異性体をすべて答えよ。

問 ❷ 分子式 $C_5H_{10}O$ で表される化合物で，次の記述に適した化合物の構造式を示せ。

(1) 不斉炭素原子をもち，アンモニア性硝酸銀水溶液と反応する。

(2) ヨードホルム反応が陽性で幾何異性体が存在し，臭素と反応して分子式 $C_5H_{10}OBr_2$ で表される化合物を与える。

(3) 鎖式化合物で不斉炭素原子をもつが，白金触媒を用い水素と反応させると不斉炭素原子がない化合物を与える。

(4) 金属ナトリウムと反応して水素を発生する環式化合物であり，さらに，光学異性体が存在するものの中で環の大きさが最も大きいもの。

〈明治薬大〉

●解説

問 ❶ $U = \dfrac{4 \times 2 + 2 - 8}{2} = 1$ and 酸素原子 1 つ

　　　　➡ (基本的に)アルデヒドかケトン

(矛盾が生じたら，C=C のアルコールや環のエーテルなどを考える。)

-CHO か -CO- をつけるので，骨格は C_3 で考える。

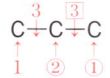

C-C-C　　　　　↑①，②：アルデヒド基 -CHO のつく位置
1 ② ①　　　　　↑③　：ケトン基 -C- の入る位置
　　　　　　　　　　　　　　　　　　 ‖
　　　　　　　　　　　　　　　　　　 O

異性体と構造決定問題 ● 177

① CH₃-CH₂-CH₂-C-H   ② CH₃-CH-C-H
            ‖ | ‖
            O   CH₃ O

③ CH₃-CH₂-C-CH₃
         ‖
         O   答

問 ❷ $U = \dfrac{5\times 2 + 2 - 10}{2} = 1$　and　酸素原子 1 つ

(1) 🌶 より，-CHO をもつ。 試薬マニュアル ❾-❶

不斉炭素原子をつくるように違う原子団をつけていくと，

　　　　　　　　　　　　　　　　　　CH₃
　　-C-CHO ＋ C₃H₉　➡　CH₃-CH₂-*C-CHO
　　 | |
                                      H
                                                    答

(2) 🌶 より，CH₃-CH-(C₃H₅) か CH₃-C-(C₃H₇) をもつ。
              | ‖
              OH   O
　　　　　　　　　　　　　　　　　　　試薬マニュアル ❽-❶

🌶 より，C=C がある 試薬マニュアル ❼-❹ ので，右の構造式(C=O
でU=1を使っている)では不適。——ここでU=1を使う

-(C₃H₅) の部分で考えられる構造は，

　-C=C-C　　-C-C=C　　-C=C
　 ↑これ |
                          C

幾何異性体が存在するので，CH₃-CH-CH=CH-CH₃
                               |
                               OH
                                                    答

(3) 鎖式，不斉炭素原子あり，C=C あり。

　　　 OH   OH   OH
　　　 | | |
C=C-C-*C-C   C=C-*C-C-C   C-C=C-*C-C
       | | |
       H   H   H

　 OH   OH
   | |
C=C-*C-C   C-*C-C=C
   | |
   C   C

4より，H_2付加 試薬マニュアル・**7**-**4** で不斉炭素原子がなくなるから，骨格は同じだが，二重結合があるかないかというギリギリのところで区別しているものがあてはまる。

H_2付加で区別がつかなくなる。

$$CH_2=CH-{}^*CH(OH)-CH_2-CH_3 \quad \boxed{答}$$

(4) **5**より -OH があり 試薬マニュアル・**5-2**，不斉炭素原子があるものの中で最大の環式化合物を考える。

〈環式での不斉炭素原子($^*C$)の見分け方〉

見分けようとする C の左回りと右回りで配列が違うと，それらは違う原子団とみなせる。

(環状構造: $CH_2-CH_2-CH_2-CH_2-CH_2-CH(OH)$) $^*C$ なし

$$\begin{array}{l} CH_2-{}^*CH-CH_3 \\ CH_2-{}^*CH-OH \end{array} \quad \boxed{答}$$

$$\begin{array}{l} CH_3-CH-CH_2 \\ CH_2-CH-OH \end{array} \quad {}^*C なし$$

例えば，この $^*C$ は

左回り➡ C-C-C(C)→，右回り➡ C-C-C(C)→，H，OH の原子団

4

分子式 $C_4H_8O_2$ の化合物 A, B がある。それぞれに<u>酸を加え加熱する</u>と，次のように分解される。

Aでは<u>還元性を有する</u>Cと，Dが生じる。さらに，<u>Dを酸化するとケトンEになる</u>。

BではFとGが生じる。さらに，<u>Fを酸化するとGが生じる</u>。

問 A, Bの構造式とC〜Gの名称を示せ。

〈福島県立医大〉

●解説

問 $U = \dfrac{4 \times 2 + 2 - 8}{2} = 1$ and 酸素原子 2 つ

➡（基本的に）カルボン酸かエステル

$R_1\text{-}\underset{\underset{O}{\|}}{C}\text{-}O\text{-}R_2$ $R_1 + R_2$ は $C_4H_8O_2 - CO_2 = C_3H_8$

この C_3H_8 を 2 つに分ける。

$(R_1,\ R_2) = (C_3H_7-,\ \ -H)$　①②……カルボン酸
（順列的に数える）
　　　　　　$(C_2H_5-,\ -CH_3)$　③
　　　　　　$(CH_3-,\ -C_2H_5)$　④　…エステル
　　　　　　$(\ H-,\ -C_3H_7)$　⑤⑥

① $CH_3\text{-}CH_2\text{-}CH_2\text{-}\underset{\underset{O}{\|}}{C}\text{-}OH$　　② $CH_3\text{-}\underset{CH_3}{\underset{|}{C}H}\text{-}\underset{\underset{O}{\|}}{C}\text{-}OH$

　　酪酸　　　　　　　　　　　イソ酪酸

より，加水分解される A, B はエステル **試薬マニュアル ❶-❶** である。

③ $CH_3CH_2\text{-}\underset{\underset{O}{\|}}{C}\text{-}O\text{-}CH_3 \longrightarrow CH_3CH_2\text{-}\underset{\underset{O}{\|}}{C}\text{-}OH + CH_3OH$

　プロピオン酸メチル　　　　　プロピオン酸　　メタノール

④ CH₃-C-O-CH₂CH₃ ⟶ CH₃-C-OH ＋ CH₃CH₂OH
　　　‖　　　　　　　　　‖
　　　O　　答B　　　　　O

　　酢酸エチル　　　　　　酢酸　答G　　　エタノール 答F

⑤ H-C-O-CH₂CH₂CH₃ ⟶ H-C-OH ＋ CH₃CH₂CH₂OH
　　　‖　　　　　　　　　‖
　　　O　　　　　　　　　O

　　ギ酸プロピル　　　　　ギ酸　　　　　プロパノール

⑥ H-C-O-CH-CH₃ ⟶ H-C-OH ＋ CH₃-CH-CH₃
　　‖　　｜　　　　　‖　　　　　　｜
　　O　　CH₃　　　　O　　　　　　OH
　　　　　　答A

　　ギ酸イソプロピル　　　ギ酸　答C　　2-プロパノール 答D

🌀より，カルボン酸なのに還元性がある ➡ ギ酸
🌀より，酸化してケトンになる ➡ 第二級アルコール

　　CH₃-CH-CH₃ ⟶ CH₃-C-CH₃
　　　　｜　　　　　　　‖
　　　　OH D　　　　　O
　　　　　　　　　　　アセトン 答E

よって，Aは⑥のギ酸イソプロピルとなる。

🌀より，アルコールを酸化して，もう一方のカルボン酸になるので，加水分解して生成する2つの物質の炭素数が同じである。

　　CH₃-CH₂ ⟶ CH₃-C-H ⟶ CH₃-C-OH
　　　　｜　　　　　‖　　　　　　‖
　　F　OH　　　　　O　　　　　　O G
　　エタノール　アセトアルデヒド　　酢酸

よって，Bは④の酢酸エチルとなる。

5

問 ① 分子式$C_4H_4O_4$のAとBは互いに幾何異性体である。Aは加熱すると容易に水を失ってCを生じる。また，AとBはニッケルを触媒として水素を付加すると，同一の化合物Dを生じる。A～Dの構造式を示せ。

次の **問 ②**～**問 ④** では，立体異性体（幾何異性体，光学異性体）は考えなくてよい。

問 ② $C_5H_{10}O_2$で表されるエステルは何種類あるか。

問 ③ 鎖式$C_4H_8Cl_2$の構造異性体は何種類存在するか。

問 ④ C_3H_9Nの構造異性体は何種類存在するか。

問 ⑤ (1) C_6H_{10}で表されるアルキンの構造異性体は何種類存在するか。

(2) C_6H_{10}の物質Aを過マンガン酸カリウムで酸化すると，ナイロン66の原料が得られる。Aの構造式を示せ。

〈千葉大，東京薬大，阪大〉

● **解説**

問 ① $U=3$となり，いろいろな可能性があるが，幾何異性体の関係にあるものは次ページの2つである。

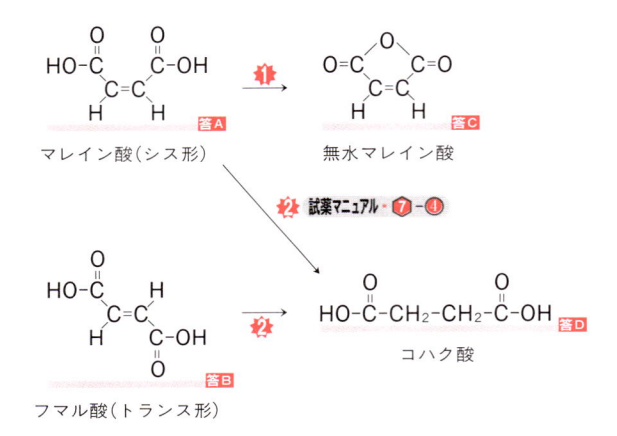

マレイン酸（シス形） → 無水マレイン酸

フマル酸（トランス形） → コハク酸

問❷

$R_1-\underset{\underset{O}{\|}}{C}-O-R_2$　　$R_1 + R_2$ は $C_5H_{10}O_2 - CO_2 = C_4H_{10}$

$(R_1, R_2) = (C_4H_9-, \quad -H)$　　①〜④……カルボン酸
$\qquad\qquad (C_3H_7-, -CH_3)$　⑤⑥　⎫
$\qquad\qquad (C_2H_5-, -C_2H_5)$　⑦　　⎬…エステル
$\qquad\qquad (CH_3-, -C_3H_7)$　⑧⑨　⎪
$\qquad\qquad (\ H-, -C_4H_9)$　⑩〜⑬　⎭

C_4H_9- のアルキル基は、次の4種類ある。

```
                         C ← 3
                         |
C - C - C - C        C - C - C          ↑につくC
↑   ↑   ↑   ↑        ↑   ↑   ↑          のHをとる
1   2   2   1        3   4   3
```

1 $CH_3-CH_2-CH_2-CH_2-$
　　ブチル基

3 $CH_3-CH-CH_2-$
　　　　　|
　　　　CH_3
　　イソブチル基

2 CH_3-CH_2-CH-
　　　　　　　|
　　　　　　CH_3
　　（2級ブチル基）

4 　　CH_3
　　　　|
　　CH_3-C-
　　　　|
　　　CH_3
　　（3級ブチル基）

異性体と構造決定問題 ● 183

　C_3H_7- のアルキル基は 2 種類，C_2H_5-，CH_3- は 1 種類である。

　よって，エステルは⑤〜⑬の 9 種類 答

問 ❸ Cl は H に置き換えて C_4H_{10} として計算をすると，$U=0$ で飽和である。1 つ目の Cl を固定して考えると，

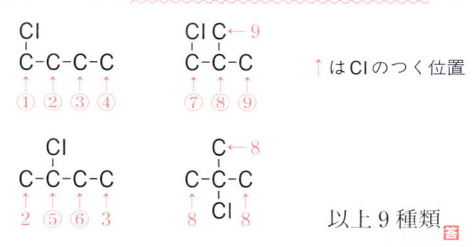

```
    Cl                    Cl  C←9
    |                     |   |
  C-C-C-C               C-C-C
  ↑ ↑ ↑ ↑               ↑ ↑ ↑
  ① ② ③ ④               ⑦ ⑧ ⑨
```
↑は Cl のつく位置

```
    Cl                    C←8
    |                     |
  C-C-C-C               C-C-C
  ↑ ↑ ↑ ↑                 |
  2 ⑤ ⑥ 3               Cl
                         ↑   ↑
                         8   8
```
以上 9 種類 答

問 ❹ $-NH_2$ を $-H$ に置き換えて C_3H_8 として計算すると，$U=0$ で飽和である。N の結合のしかたで分けて考えると，

(i) 第一級アミン
```
    C─C─C
    ↑ ↑ ↑
    1 ② ①
```
↑は $-NH_2$ のつく位置

(ii) 第二級アミン
```
    C┼C┼C
     ↑ ↑
     3 ③
```
↑は $-NH-$ の入る位置

(iii) 第三級アミン
```
      C
      |
    C-N-C
      ④
```
以上 4 種類 答

問 ④ (1) アルキン ($U=2$) を数え上げる。

C—C—C—C—C—C ↑は≡の入る位置
  1 2 ③ ② ①

```
          C                          C
          |×                         |×
C—C—C—C—C            C—C—C—C—C
 ⑤  ④ × ×            ⑥  × × ⑥
```

```
    C   C                      C
    |×  |×                     |×
C—C—C—C—C            C—C—C—C—C
  × × ×                × ×  ⑦
                            |
                            C
```

以上 7 種類 **答**

(2)

シクロヘキセン → (KMnO₄ で分解, 試薬マニュアル 6-1-③) → アジピン酸 ← ナイロン66の原料

$$\text{シクロヘキセン} \xrightarrow{\text{KMnO}_4\text{で分解}} \text{アジピン酸}$$

```
 CH2                        CH2
CH2  CH                   CH2  COOH
CH2  CH                   CH2  COOH
 CH2                        CH2
```
シクロヘキセン　　　　　　アジピン酸 ← ナイロン66の原料

6

分子式 C_8H_{10} の芳香族化合物 A, B, C, D がある。

B を過マンガン酸カリウムで酸化してつくられる化合物は, エチレングリコールとの縮合重合により, 合成高分子化合物になる。

一方, C を同様に酸化することにより生成する化合物は, さらに 200℃ 以上の高温で加熱すると, 脱水して酸無水物になる。

A の水素原子 1 個を臭素原子で置き換えて得られる化合物は, 不斉炭素原子をもつ化合物のほかに不斉炭素原子をもたない化合物が ア 種類存在する。

また, B, C, D の水素原子 1 個をそれぞれ臭素原子で置き換えた化合物は, それぞれ イ 種類, ウ 種類, および 4 種類存在する。

問 ❶ A〜D の構造式を示せ。
問 ❷ ア 〜 ウ に適当な数字を入れよ。

〈東京農工大〉

● 解説

問 1, 2 $U = \dfrac{8 \times 2 + 2 - 10}{2} = 4$　and　酸素原子なし

ベンゼン環は二重結合 ×3 + 環で $U = 4$ とみなせる。よって, ベンゼン環以外は飽和となる。

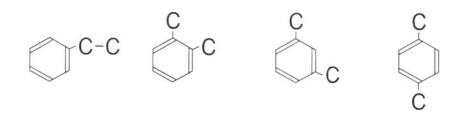

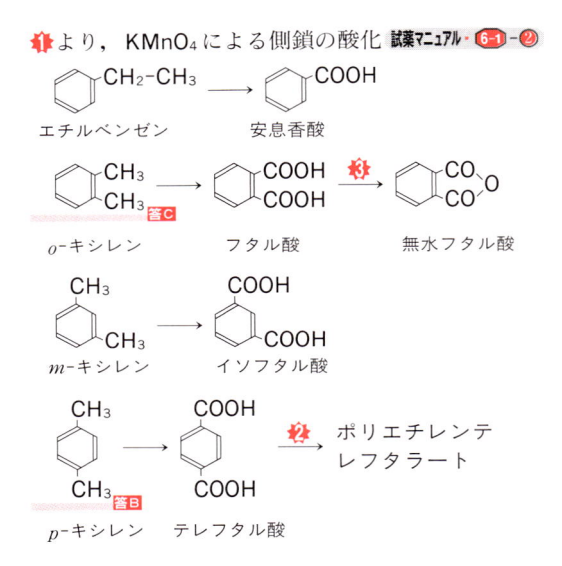

① より，KMnO₄ による側鎖の酸化　試薬マニュアル・**6-1**-**②**

エチルベンゼン（CH₂-CH₃）→ 安息香酸（COOH）

o-キシレン（CH₃, CH₃）→ フタル酸（COOH, COOH）**答C** → **③** 無水フタル酸（CO, CO, O）

m-キシレン（CH₃, CH₃）→ イソフタル酸（COOH, COOH）

p-キシレン（CH₃, CH₃）**答B** → テレフタル酸（COOH, COOH）→ **②** ポリエチレンテレフタラート

④ より，H を Br で置換したときの種類は次のようになる。

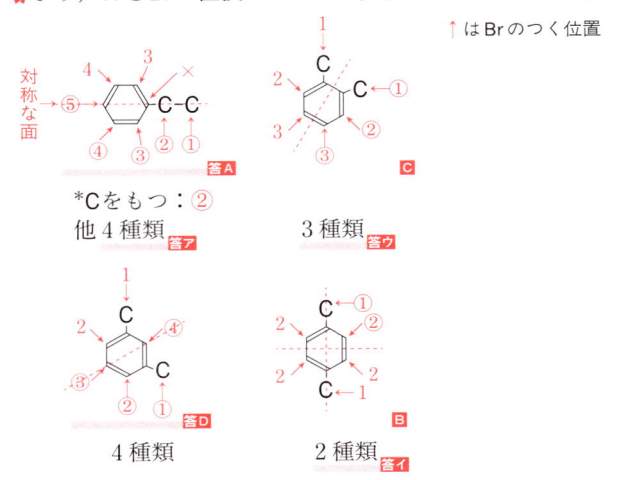

↑は Br のつく位置

対称な面：⑤　4　3　×　-C-C　④②①　**答A**

*C をもつ：②
他4種類 **答ア**

C：1, 2, 2, 3, ①, ②, ③　**C**
3種類 **答ウ**

C：1, 2, ④, ③, ②, ①　**答D**
4種類

C：2, 2, ①, ②, 1　**B**
2種類 **答イ**

7

(1) 分子式$C_8H_8O_2$で表される芳香族化合物A～Cは,炭酸水素ナトリウム水溶液と反応しなかった。

(2) Aを過マンガン酸カリウム水溶液で酸化すると,分子式$C_8H_6O_4$のDが得られた。Dを加熱したところ,水分子が1個とれたEが生成した。なお,Eは ア に酸化バナジウム(V) V_2O_5を用いて空気酸化すると得られる。

(3) Bに水酸化ナトリウム水溶液を加えると溶解した。この溶液にヨウ素を作用させると,特有の臭気をもつ黄色の物質が生じた。さらに,この沈殿を除いた反応液に希硫酸を加えると,サリチル酸が得られた。

(4) Cはベンゼン環の水素原子1個が他の基に置換されている(一置換体)。Cに水酸化ナトリウム水溶液を加えても溶解しなかったが,加熱したら徐々に溶解し,ついには均一な溶液cになった。溶液cに塩化ベンゼンジアゾニウムの水溶液を加えたところ,橙赤色を呈した。

問 ❶ A～Eの構造式を示せ。
問 ❷ ア にあてはまる物質名を書け。
問 ❸ 下線部(a)のcについて,有機化合物がどのような状態で溶解しているかを表せ。 〈東邦大〉

●解説

問 **1～3** $U=5$だが,芳香族なのでベンゼン環で$U=4$消費。つまり,$U=1$で酸素原子2個のパターンと同じ。

❶より, A～Cは-COOHをもたない。**試薬マニュアル・4-2**

2 の後の **3** より，オルトの位置に(C)があるから，

benzene-CH$_2$OH/CHO (答A) → benzene-COOH/COOH (答D) → 無水フタル酸 (答E)

なお，Eの無水フタル酸はナフタレンのV_2O_5による空気酸化でも得られる。 (答問2)

4 より，Bは酸である 試薬マニュアル・**5-1**-**②** が，**1** より，フェノール性-OHとわかる。また，**5** より，ヨードホルム反応するので次の構造をもつ 試薬マニュアル・**8**-**①**。

CH$_3$-C(=O)- ~~CH$_3$-CH(OH)-~~

ヨードホルム反応より2つの構造が考えられるが，右の構造では$U=1$を消費できず，フェノール性-OHを作れない。

o-OH-C$_6$H$_4$-C(=O)-CH$_3$ →[**4**,**5**] o-O$^-$-C$_6$H$_4$-C(=O)-O$^-$ →[H$^+$] o-OH-C$_6$H$_4$-C(=O)-OH
(答B)   サリチル酸

6 より，塩基性＋加熱でエステルが加水分解されたことがわかる。 試薬マニュアル・**5-1**-**①**

C$_6$H$_5$-C(=O)-O-CH$_3$ →[OH$^-$] C$_6$H$_5$-C(=O)-O$^-$ + CH$_3$OH

H-C(=O)-O-CH$_2$-C$_6$H$_5$ →[OH$^-$] H-C(=O)-O$^-$ + C$_6$H$_5$CH$_2$OH

CH$_3$-C(=O)-O-C$_6$H$_5$ →[OH$^-$] CH$_3$-C(=O)-O$^-$ + C$_6$H$_5$-O$^-$
(答C)   (答問3)

7 より，カップリング反応するのはフェノールの塩とわかる。

8

　分子式$C_{14}H_{13}NO_2$の,芳香族アミド化合物Aがある。Aはヒドロキシ基をもつが,塩化鉄(Ⅲ)水溶液を加えても呈色せず,炭酸水素ナトリウム水溶液にも溶解しない。

　Aに希塩酸を加えて熱すると,Bが結晶として析出した。Bはベンゼン環に2個の置換基をもつ化合物で,分子式は$C_8H_8O_3$で表される。Bをろ過したのち,ろ液に水酸化ナトリウム水溶液を加えると,油状のCが遊離した。

　Bに濃硫酸を少量加え溶媒中で加熱すると,分子内で脱水して,分子式$C_8H_6O_2$のエステルDが得られた。また,Dを水酸化ナトリウム水溶液中で加熱すると,Bの塩になった。

　Cを塩酸に溶かした溶液に,氷で冷やしながら亜硝酸ナトリウム水溶液を加えるとEが得られ,この溶液を加熱すると窒素を発生して分解し,Fが得られた。

　Fのナトリウム塩と二酸化炭素を高温・高圧で反応させたのち,塩酸を加えた。得られた化合物をメタノールに溶かし,濃硫酸を少量加えて熱すると,Bの構造異性体であるGが得られた。

問❶　A～Dの構造式とE～Gの名称を書け。
問❷　下線部で起こっている反応名を書け。
問❸　ベンゼンとプロピレン(プロペン)を用いたFの工業的方法がある。この方法の名称と,F以外に生成する化合物の名称を書け。〈島根大〉

●解説

問 1, 2 $-NH_2$ を $-H$ に置き換えて $C_{14}H_{12}O_2$ として計算すると，$U=9$ となる。

1より，Aはベンゼン環，$-CO-NH-$ をもつ。また，**2**より，Aはフェノール性の $-OH$ をもたず **試薬マニュアル・11-1**，アルコール性の $-OH$ をもつ。さらに，**3**より，Aは $-COOH$ をもたない。

4はアミドの加水分解 **試薬マニュアル・1-1** である。B($C_8H_8O_3$) をろ過した液にはアミンの塩($-NH_3^+$)が含まれ，**5**によってアミンにもどった **試薬マニュアル・5-1-2**。この段落をまとめると，

$$C_{14}H_{13}NO_2 + H_2O \longrightarrow C_8H_8O_3 + C_6H_7N$$
　アミドA　　　　　　　　　カルボン酸B　アミンC

左辺の原子数の合計 $C_{14}H_{15}NO_3$ から $C_8H_8O_3$ を引いて求める

6より，分子内でエステル化が起った **試薬マニュアル・2-1-3** ので，B($C_8H_8O_3$)は $-COOH$ と $-OH$ がオルト位にある。**7**より，エステルが加水分解(けん化)した **試薬マニュアル・5-1-1**。

ベンゼン環-COOH, CH_2OH （答B） → ベンゼン環-CO-O-CH_2 （答D） → ベンゼン環-COONa, CH_2OH （Bの塩）

Cは C_6H_7N のアミンだからアニリン ベンゼン環-NH_2 と決まる。（答C）下線部の反応はジアゾ化 **試薬マニュアル・13**。加熱するとフェノールに分解してしまう。（答問2）

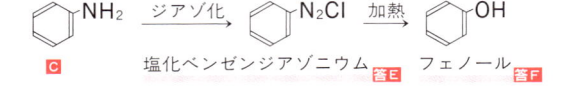

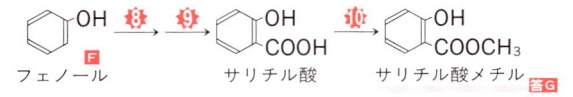

ベンゼン環-NH_2 —ジアゾ化→ ベンゼン環-N_2Cl （塩化ベンゼンジアゾニウム，答E） —加熱→ ベンゼン環-OH （フェノール，答F）

8 試薬マニュアル・4-1-2 と **9 試薬マニュアル・1-2** より，サリチル酸を得て，その後，**10**よりエステル化された。

ベンゼン環-OH （フェノール，F） → ベンゼン環-OH, $COOH$ （サリチル酸） → ベンゼン環-OH, $COOCH_3$ （サリチル酸メチル，答G）

以上より，Aは，

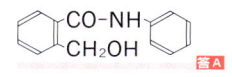

benzene ring with CO-NH-phenyl and CH₂OH substituents (ortho)

答A

問❸ 方法：クメン法
　　　化合物：アセトン

9

C₈H₁₀Oの芳香族化合物の異性体を光学異性体は区別せずに数え上げると，一置換体は ア 種類，二置換体は イ 種類，三置換体は ウ 種類，合計19種類存在する。また，C₈H₁₀Oの中で エ ～ ス にあてはまるものの個数を考えてみる。

 エ 金属ナトリウムと反応して(a)気体を発生する化合物

 オ 塩化鉄(Ⅲ)水溶液を加えると，(b)呈色する化合物

 カ 二クロム酸カリウムで注意深く酸化すると，還元性を有するものができる化合物

 キ フェーリング液を加え，加熱すると(c)赤色沈殿を生成する化合物

 ク 塩基性でヨウ素を加え加熱すると(d)黄色沈殿を生成する化合物

 ケ エーテル結合をもつ化合物

 コ 水酸化ナトリウム水溶液と反応して塩を形成する化合物

 サ 無水酢酸と反応してエステルを生成する化合物

 シ 脱水するとスチレンが生成する化合物

 ス 過マンガン酸カリウムで酸化すると，2価の酸になる化合物

問 ア ～ ス に適切な数字を入れよ。また，下線部(a)，(c)，(d)の化学式と下線部(b)の色も示せ。

異性体と構造決定問題 ● 193

●解説

　$U=4$で酸素原子1つ。したがって、ベンゼン環以外は飽和とわかり、アルコール、フェノール、エーテルのどれかである。

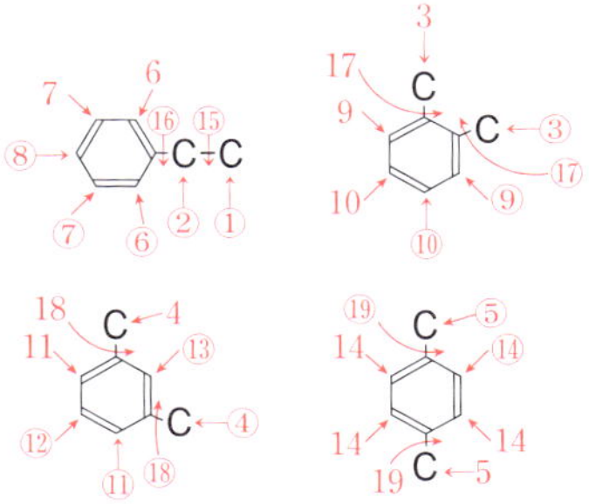

↑①〜⑭はOHのつく位置，↑⑮〜⑲はOの入る位置

　　アルコール　：①〜⑤の5種
　　フェノール類：⑥〜⑭の9種
　　エーテル　　：⑮〜⑲の5種

| ア | 一置換体…①，②，⑮，⑯　　　　　4種答 |

| イ | 二置換体…③，④，⑤，
　　　　　　⑥，⑦，⑧，
　　　　　　⑰，⑱，⑲　　　　　9種答 |

| ウ | 三置換体…⑨，⑩，
　　　　　　⑪，⑫，⑬，
　　　　　　⑭　　　　　　　　6種答 |

| エ | 試薬マニュアル・**5-2**　水素H_2を発生する。
　➡　アルコール、フェノール類　　　5+9=14答a |

| オ | 試薬マニュアル・**11-1**　青紫〜赤紫色に呈色する。
　➡　フェノール類　　　　　　　　　9答b |

| カ | 試薬マニュアル・**6-1-①**　酸化してアルデヒド
　➡　第一級アルコール（はじっこにOHがつく）
　➡　①，③，④，⑤　　　　　　　　4答 |

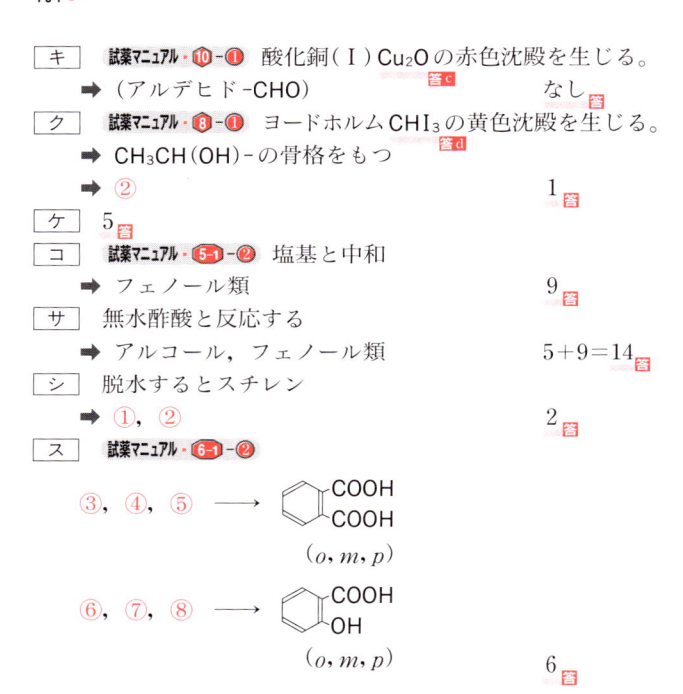

| キ | 試薬マニュアル・⓾-❶ 酸化銅(Ⅰ)Cu₂Oの赤色沈殿を生じる。
　　➡ （アルデヒド-CHO） 答c　　　なし 答
| ク | 試薬マニュアル・❽-❶ ヨードホルムCHI₃の黄色沈殿を生じる。
　　➡ CH₃CH(OH)-の骨格をもつ 答d
　　➡ ② 　　　　　　　　　　　　　　　1 答
| ケ | 5 答
| コ | 試薬マニュアル・❺-❶-❷ 塩基と中和
　　➡ フェノール類　　　　　　　　　　9 答
| サ | 無水酢酸と反応する
　　➡ アルコール，フェノール類　　　　5＋9＝14 答
| シ | 脱水するとスチレン
　　➡ ①，②　　　　　　　　　　　　2 答
| ス | 試薬マニュアル・❻-❶-❷

③，④，⑤ ⟶ ベンゼン環に COOH, COOH (o, m, p)

⑥，⑦，⑧ ⟶ ベンゼン環に COOH, OH (o, m, p)

　　　　　　　　　　　　　　　　　　6 答

（参考1） 不安定な物質

① C=Cに-OHがついているエノールは、転位反応を起こしてカルボニル化合物を生じる。

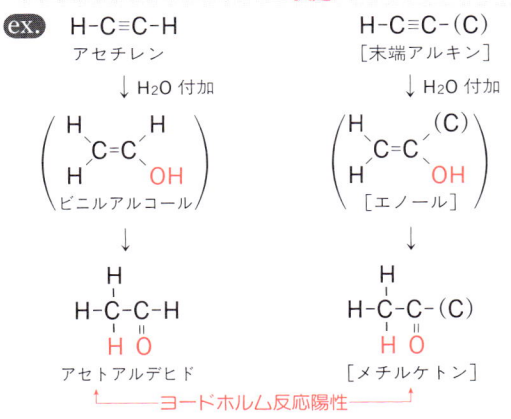

$$\left(\begin{array}{c}\text{C=C} \\ \text{OH}\end{array}\right) \rightleftharpoons \begin{array}{c}-\overset{|}{\underset{H}{C}}-\overset{|}{\underset{O}{C}}- \end{array}$$

不安定　　　安定

ex.

H-C≡C-H
アセチレン

↓ H₂O 付加

$\left(\begin{array}{c}\text{H} \quad\quad \text{H} \\ \text{C=C} \\ \text{H} \quad\quad \text{OH}\end{array}\right)$
ビニルアルコール

↓

H-C-C-H
  H ‖
     O
アセトアルデヒド

H-C≡C-(C)
［末端アルキン］

↓ H₂O 付加

$\left(\begin{array}{c}\text{H} \quad\quad \text{(C)} \\ \text{C=C} \\ \text{H} \quad\quad \text{OH}\end{array}\right)$
［エノール］

↓

H-C-C-(C)
  H ‖
     O
［メチルケトン］

——————ヨードホルム反応陽性——————

② 同一炭素に2つの-OHのつく物質は存在せず、カルボニル化合物を生じる。

$$\begin{array}{c}\text{O-H} \\ \text{C} \\ \text{O-H}\end{array} \xrightarrow{-H_2O} -\underset{\underset{O}{\|}}{C}- + H_2O$$

ex. アルコールの酸化で便宜的に考える （参 p.36）

（参考２）配向性

　ベンゼン環に結合した置換基の種類により，次の置換基の入りやすい位置が決まること。

① -CH₃，-NH₂，-OH など … 電子供与性

ベンゼン環に対して，電子をおしやる性質

➡ o, p 配向性

➡ o 位と p 位の電子密度が高くなる
➡ 次の置換反応は o 位と p 位で起こりやすい。

ex. 試薬マニュアル・❸-❶，❼-❸

$$\text{OH} \longrightarrow \underset{\text{NO}_2}{\text{OH}} + \underset{\text{NO}_2}{\text{OH}} \xrightarrow{\text{さらに反応}}$$

② -NO₂，-COOH，-SO₃H など … 電子吸引性

ベンゼン環に対して，電子をひっぱる性質

➡ m 配向性

➡ o 位と p 位の電子密度が低くなる
　（この時点で反応性は低下する。相対的に m 位の電子密度が比較的高い状態）

➡ 次の置換反応は m 位で起こる。

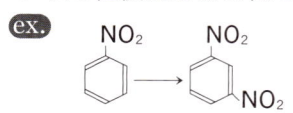

ex.

$$\underset{}{\text{NO}_2} \longrightarrow \underset{\text{NO}_2}{\text{NO}_2}$$

（注）-F，-Cl，-Br などの置換基は，o, p 配向性だが，反応性は低い。（反応性と配向性は別。）

異性体と構造決定問題 ● 197

（参考３） 不斉炭素原子 *C と立体異性体の数

*C が１つのとき ➡ 立体異性体を区別すると２つ

*C が２つのとき ➡ 立体異性体を区別すると $2^2=4$ つ

ex. *C の立体配置を D, L で区別するとする。

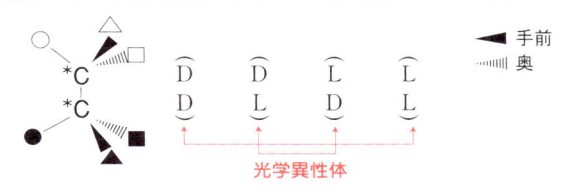

*C が３つのとき ➡ 立体異性体を区別すると $2^3=8$ つ

基本的には，不斉炭素原子 *C が n 個ある分子の立体異性体の数は 2^n となる。

しかし，分子内に対称面が存在すると，区別したはずの分子で同じものが存在する。

ex. 酒石酸を ○：-H，△：-OH，□：-COOH に置きかえて表現する。

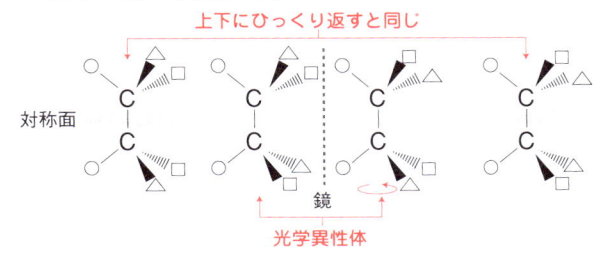

よって，不斉炭素原子 *C が n 個ある分子の立体異性体の数は「2^n －（対称面の数）」となる。

不斉（キラル）とは，対称面がないということ。野球のグローブはキラルだが，バットはアキラル。

索引

あ

- アクリル繊維 ……………… 108
- アセチルサリチル酸 ………… 70
- アセチレン ………………… 29
- アセトアルデヒド …………… 42
- アセトン …………………… 43
- アゾ化合物 ………………… 72
- アゾ染料 …………………… 110
- アニリン ……………… 73, 76
- アミド ……………………… 72
- アミノ酸 …………………… 94
- アミン ……………………… 72
- アルカン …………………… 20
- アルキン …………………… 28
- アルケン …………………… 24
- アルコール ………………… 32
- アルコール発酵 …………… 132
- アルデヒド ………………… 40
- 異化 …………………… 128, 132
- 異性体 ……………………… 15
- 陰イオン交換樹脂 ………… 116
- ATP ………………………… 128
- エーテル …………………… 38
- エステル …………………… 52
- エチレン …………………… 25
- 塩基性染料 ………………… 111
- オゾン分解 ………………… 172

か

- 界面活性剤 ………………… 57
- 化学療法薬 ………………… 137
- 核酸 ………………………… 125
- カルボン酸 ………………… 46
- 官能基 ……………………… 12
- 幾何異性体 ………………… 16
- キサントプロテイン反応 … 100
- 基質特異性 ………………… 134
- 銀鏡反応 …………………… 41
- クメン法 …………………… 66
- ケトン ……………………… 43
- 嫌気呼吸 …………………… 132
- 光学異性体 ………………… 17
- 好気呼吸 …………………… 132
- 光合成 ……………………… 130
- 合成ゴム …………………… 118
- 合成樹脂 …………………… 112
- 合成繊維 ……………… 103, 106
- 合成洗剤 …………………… 57
- 合成染料 …………………… 110
- 抗生物質 …………………… 137
- 酵素 ………………………… 134
- 構造異性体 ………………… 15
- 高分子化合物 ……………… 82

さ

- 再生繊維 …………………… 104
- 最適温度 …………………… 134
- 最適pH ……………………… 134
- 酢酸エチル ………………… 52
- サリチル酸 ………………… 70
- サリチル酸メチル …………… 70
- サルファ剤 ………………… 137
- 酸性染料 …………………… 111
- ジエチルエーテル …………… 38
- シクロアルカン …………… 27
- シクロヘキサン …………… 27
- シス-トランス異性体 ……… 16
- 脂肪酸 ……………………… 46
- 生薬 ………………………… 136
- 触媒 ………………………… 134
- 植物繊維 …………………… 103
- 植物染料 …………………… 110
- セッケン …………………… 57
- セルロース ………………… 90
- 双性イオン ………………… 94

た

- 代謝 …… 128
- 対症療法薬 …… 138
- 建染め染料 …… 110, 111
- 多糖類 …… 90
- 炭化水素 …… 10
- 炭酸同化 …… 130
- 炭水化物 …… 102
- 単糖類 …… 86
- タンパク質 …… 98, 102
- 窒素同化 …… 130
- 窒素肥料 …… 140
- 直接染料 …… 111
- 天然ゴム …… 118
- 天然繊維 …… 103
- 天然染料 …… 110
- デンプン …… 90
- 同化 …… 128
- 動物染料 …… 110
- 糖類 …… 86

な

- ナイロン6 …… 106
- ナイロン66 …… 106
- 二糖類 …… 88
- ニトロ化合物 …… 72
- 乳酸発酵 …… 132
- 尿素樹脂 …… 114
- ニンヒドリン反応 …… 100
- ヌクレオチド …… 125
- 熱可塑性樹脂 …… 114
- 熱硬化性樹脂 …… 114

は

- 媒染染料 …… 111
- 半合成繊維 …… 104
- ビウレット反応 …… 100
- ビタミン …… 102
- 必須アミノ酸 …… 95
- ビニロン …… 108
- フェーリング反応 …… 41
- フェノール …… 65
- フェノール樹脂 …… 114
- フェノール類 …… 63
- 不斉炭素原子 …… 17
- プラスチック …… 112
- 分散染料 …… 111
- ベンゼン …… 58
- 芳香族アミン …… 72
- 芳香族カルボン酸 …… 68
- ポリエチレンテレフタラート …… 106
- ホルムアルデヒド …… 42

ま

- ミセル …… 57
- ミネラル …… 102
- メタン …… 21
- メラミン樹脂 …… 114

や

- 有機化合物 …… 8
- 油脂 …… 55, 102
- 陽イオン交換樹脂 …… 116
- ヨードホルム反応 …… 44

ら

- リン脂質 …… 124
- リン肥料 …… 140